청소년 에너지입문서

미래에너지
백과사전

청소년 에너지입문서

미래에너지
백과사전

이원욱 · 안희민 지음

KP Books

차례

Part 1. 수소경제의 실현, 지금 시작하라

Part 2. 클래식 신재생에너지, 도약하라

책을 내면서...

전 과학자를 꿈꾸었습니다.

어린 시절, 까만 고무신을 신고 다닌 기억이 있습니다. 돋보기로 까만 고무신에 하얀 점을 모으면 금세 고무신을 태우며 연기가 올라왔지요. 조금 더 태우면 고무신이 지글지글 녹아내렸습니다. 신기했습니다.

무지개는 왜 생기지? 종이에 돋보기를 대고 햇볕에 대면 종이가 타는 이유는 무얼까? 개미는 왜 이리 바쁠까? 은행알 냄새가 지독한 이유는 뭘까?

과학의 뜰 안에서는 모든 것이 궁금하고 신기했습니다.

전 과학자의 꿈을 접었습니다.

초등학생이었을 때 불조심 포스터를 그리다가 제게 적록색맹이 있는 걸 알았습니다. 제겐 빨간 색의 일부가 녹색으로 보입니다. 제게는 녹색과 빨간색의 경계가 모호합니다. 처음엔 제 스스로가 이상하다고 생각되었지만, 그 안에서 저만의 과학의 뜰을 만들어 갔습니다.

저 이원욱의 과학의 뜰 안에서, 빨간 태양은 녹색 태양이며, 푸른 잎은 빨간 색이기도 합니다. 저어기, 지나가는 청년이 입고 있는 똥색 점퍼 색은 제겐 녹색으로 보입니다.

정말 신기하고 재밌지요?

그런데 안타깝게도 당시 과학자가 되기 위해서 고등학교 진학 당시 이과를 선택해야 했는데, 색맹은 이과를 선택할 수 없었습니다. 덕분에 과학은 여전히 제겐 갈망의 대상입니다.

2012년, 19대 국회에 초선 국회의원으로 들어오면서, 2년간 활동하게 될 상임위원회로 산업통상자원위원회를 선택했습니다. 평소 중소기업과 소상공인, 에너지 분야에 관심이 많았으며, 산업통상자원위원회는 그런 일을 할 수 있는 상임위원회입니다. 특히 기후변화에 대한 관심이 많았기 때문에 기후변화를 극복할 수 있는 대안으로써 신재생에너지 분야를 집중적으로 공부하고, 정책을 내왔습니다.

그런데 정작 미래 세대이자 지구생존을 이끌어갈 우리 청소년들의 에너지 교육에 대한 관심은 적었습니다. 학교에서도 기후변화와 에너지 등을 자세히 가르치지 않았습니다. 지구의 위기가 다가오는데, 『기후변화』라는 과목이 있어야 하는 건 아닐까 하는 생각도 해보았습니다.

그래서 직접 청소년이 알았으면 좋을 책을 내기로 했습니다. 여러 에너지박사님들의 도움을 받아 2013년에 『신재생에너지 백과사전』이라는 책을 발간할 수 있었습니다. 이번에 그 두 번째로, 『미래에너지 백과사전』을 내게 되었습니다.

『미래에너지 백과사전』은 국회에서 13회 동안 개최했던 『미래에너지전환 전문가 간담회』에서 다루어진 에너지원과 기술동향 등을 알기쉬운 내용으로 엮은 내용입니다. 혼자 알기엔 보석 같은 정보들이었습니다, 우리 청소년들에게도 알려 드리고 싶었습니다. 그래서 『청소년 에너지입문서』라는 부제를 두어, 우리 청소년들이 꼭 알아야 할 미래에너지를 담았습니다. 한 사회를 살아가는 '시민'의 지혜를 얻었으면 좋겠습니다.

청소년 여러분,

인류의 기원으로 오스트랄로피테쿠스를 꼽고 있습니다. 그 이전일 수도 있지만 우리가 발견한 '사람의 기원'은 여기서 출발합니다. 300만 년 전의 일입니다. 현생 인류로 추정되는 네안데르탈인이 40만 년 전, 호모 사피엔스가 20만 년 전 지구를 거닐

고 있었습니다. 인류가 지구에 등장한 것이 길면 300만년, 짧게
는 20만년으로 추정됩니다.

이 기간 동안 인류가 지구에 끼친 영향은 큽니다. 지구의 온
도가 올라가고 있으며, 산림이 사라지고 있습니다. 바다의 수면
이 올라가고 있습니다. '기후난민'이라는 낯선 용어가 등장하고
있습니다.

'인류' 만큼 지구에 큰 영향을 미친 종이 있을까요?

1억 년 전 지구에 등장해 우리처럼 사회를 이루며 살면서도
지구를 파괴하지 않는 동물도 있습니다. 개미입니다.

인류와 개미는 조직을 이루며 군집 생활을 하고, 종을 보호하
기 위해 치열하게 살고 있지만, 결과는 달랐습니다. 인류는 스
스로를 만물의 영장이라고 하면서도, 영장은커녕 지구의 파괴
자로서 군림하고 있습니다. 개미사회 역시 경제와 문화, 정치
등 조직의 요소를 모두 갖추고 있습니다. 다만 그들은 자신이
살아가는 지구를 파괴하는 것이 아니라 다른 종과의 공존을 선
택했습니다. 다른 종을 파괴하지 않으며, 자신의 사회를 유지하
고 있습니다.

개미와 비교하면 인류는 바보 같은 생명체 같습니다. **개미는
자연과의 공존을 선택했지만, 인류는 오직 '인간' 만을 선택하고**

있습니다. 인류가 에너지를 얻기 위해 개발한 기술들은 대단한 진보를 만들었습니다. 반면 그 피해 또한 엄청나다는 것을 경험했습니다.

원자력 발전으로 큰 피해를 당했으면서도 일본과 러시아는 여전히 원자력에 의존하는 정책을 펴고 있으며, 우리나라만 봐도, 스스로 짠 『온실기체 저감 정책』역시 아직도 원자력에 대한 미련을 버리지 못하고 있습니다.

우리나라의 경제를 살리는데도 미래에너지는 동력이 될 수 있습니다. 우리나라의 경제발전의 바로미터이자 먹거리 산업인 전통제조업은 점차 설 곳을 잃어가고 있습니다. 철강, 조선, 석유화학 산업은 이미 중국의 잰 걸음에 거의 추월당할 위기에 처하고 있습니다. 그나마 버티고 있는 분야는 자동차, 반도체, 핸드폰 등 일부일 뿐입니다..

이대로 주저앉을 수는 없습니다. 새로운 제조업을 찾아내고 힘을 갖도록 대안을 내놓아야 합니다. 제조업의 부활을 가져올 새로운 산업으로써 '미래에너지 분야'는 확실한 대안입니다. 영국과 미국, 독일, 일본을 보면 태양광과 풍력 등 재생에너지와 수소산업 등 신에너지를 적극적으로 지원하면서 미래에너지가 새로운 제조업의 동력이 되고 있습니다.

조금 늦은 감이 있지만, 지금부터라도 열심히 뛰면 쫓아갈 수 있습니다. 미래에너지에 대한 정부의 투자를 획기적으로 늘려야 합니다.

대한민국의 경제를 살리는 길이기도 하고, 인류를 구하는 길이기도 합니다. 선택이 아니라 필수입니다.

결국 인류가 도달할 곳은 '인류의 종말'일까? 생명의 끝을 재촉하는 인류의 어리석음은 언제까지 계속될까요?

에너지는 인류 발전의 동력이었습니다. 에너지 없이는 단 하루도 살아갈 수 없습니다. 인류는 새로운 에너지원을 발견하고, 발명하기 위해 노력해왔습니다. 인류는 편하고 값싼 에너지로 풍요로운 삶을 누릴 수 있었습니다.

그러나 이제, 사람이 키워온 '에너지'가 사람을, 나아가 지구를 위협하고 있습니다. 에너지를 사용하면서 필수적으로 나오는 온실기체 때문입니다. 이산화탄소는 중요한 기체 원소였지만 이제는 인류의 주적이 되고 말았습니다.

온실기체의 양이 증가하면서 기후변화가 다가왔습니다. 유엔은 올 겨울 엘니뇨로 태평양에 있는 국가들에서 많게는 410만여 명의 시민이 기아에 노출될 수 있다고 밝혔습니다. 물 부족과 식량 불안, 질병의 위험이 몰려 올 것이라는 경고입니다. 엘니뇨는 적도 부근 동태평양의 평균 해수면 온도가 반년 이상 평년

보다 0.5도 더 높은 상태를 뜻합니다. 지금 해수면 온도는 그보다 높습니다.

동태평양에게만 보내는 경고가 아닙니다. 태풍 매미, 루사, 볼라벤... 그리고 몇 해전 강남 지역을 쓸어 내렸던 집중호우, 이어지는 겨울 한파, 올 여름 충청지역을 중심으로 찾아온 가뭄, 우리나라에도 경고의 메시지가 이어지고 있습니다.

더욱 선명한 증거는 생물종이 사라지고 있다는 것입니다. 미국 학술지『사이언스 어드밴스』와 영국에서 발행되는 국제학술지『네이처』지는 지구의 생물종 멸종에 대해 경고합니다. 6,500만 년 전 공룡시대가 끝난 이후 동물의 멸종 속도는 가장 급속히 진행되며 2,200년이면 양서류의 41%, 조류의 13%, 포유류의 25%가 멸종할 것이라고 예측합니다. 그야말로 대멸종입니다. 몇 개의 종이 모습을 감추는 것이 아니라 지구 전체에서 생물종이 사라지는 것입니다.

위기에 민감한 세계 지도자들은 기후변화에 관한 국제기구인 IPCC를 만들었습니다. 국가간 온실기체를 멈추자는 약속은 쉽게 지켜지지 못하고 있습니다. 자기 나라의 산업 발전을 통한 경쟁력을 강화하기 위해서 어쩔 수 없다는 태도입니다. 우리나라는 IPCC 의장국입니다. 이회성 의장이 IPCC를 이끌고 있습니다. 세계적 환경운동가를 배출했지만 우리는 여전히 기후변화에는 선진적인 태도를 취하고 있질 못합니다.

세계 온실기체 배출지도, 세계 석유 사용량 지도, 세계 전기 사용량 지도를 보면, 우리나라는 앞자리를 차지하고 있습니다. 처지가 이러한데도 의무에서는 소홀합니다.

지금부터라도 열심히 뛰면 쫓아갈 수 있습니다. 미래에너지에 대한 정부의 투자를 획기적으로 늘려야 합니다. 대한민국을 살리는 길이기도 하고, 인류를 구하는 길이기도 합니다.

이 책은 한 명의 정치인으로서 의무를 다하기 위한 걸음입니다.

이 걸음을 통해 우리 청소년들 뿐 아니라 저와 같은 어른들도 지구의 기후변화가 보내는 경고장을 이제는 지구 멸망의 '방아쇠'로 여겨야 할 것입니다. '탕' 소리가 나지 않도록 걸쇠를 쥐고 있는 자, 바로 우리입니다.

고마운 분들이 많습니다.

이 책의 공동 저자로 이름을 올린 안희민 기자는, 에너지경제신문의 에너지전문기자로『미래에너지전환 전문가 간담회』에 모두 참석해서 기사를 작성했습니다. 이른 아침에 지각하지 않고 간담회실을 들어서던 넉넉한 웃음이 참 인상적이었습니다. 축하드릴 일도 많았습니다. 간담회 개최 2년, 결혼과 출산을 통해 행복한 나날을 보내고 있습니다. 아들 '준혁'군의 탄생을 다시 한 번 축하드립니다. 안희민 기자가 없었다면 이 책은 빛을 보지 못했을지도 모릅니다. 기자로서의 직관과 감각으로 이 책을 구성하고, 집필하는데 많은 도움을 주셨습니다. 공저의 앞자리에 올라야 할 이름입니다.

또 새정치민주연합 강창일 의원과 새누리당 민병주 의원께도 감사드립니다. 『미래에너지 전문가간담회』 공동주최자로서 뜻을 모아주셨습니다.

그리고 가장 고마워해야 할 분들이 있습니다.

간담회가 이른 새벽에 시작했는데도 마다하지 않고 참석해 주셨던 산업통상자원부, 미래창조과학부 등의 정부 관계자와 에너지 연구자, 기업에서 산업화를 위해 함께 노력하고 계신 여러분입니다. 과학자의 면모를 유감없이 보여 주었던 연구자들을 바라보며, 돈 한 푼 벌지 못해도 언젠가 큰 역할을 할 것이라는 신념에 찬 그 분들을 보며, 그 분들께 '지구'를 맡겨도 되겠다 하는 안도감이 들었습니다. 지구를 생각하는 진심과 과학을 향한 열정이 아름다웠습니다. 존경과 감사를 드립니다.

더불어 제 졸고에 대해 추천사를 써 주신 제 멘토 정세균 의원, 경기도교육청 이재정 교육감, 국립생태원 최재천 원장께 감사드립니다. 특히 최재천 원장은 애초 원고에서 '온실가스'로 표현했던 부분을 '온실기체'로 바꿀 것을 제안해 주셨습니다. 굳이 외국어를 쓸 이유가 없다는 것이지요. 또 이 책이 나오기까지 윤문과 교정을 보신 서선미 작가, 출판사 모든 분들께도 고마운 마음뿐입니다.

  청소년 여러분,

  저는 여러분이 부디 이 책을 통해 '지구의 현재'를 알기 바랍니다. 여러분이 살아갈, 아니 여러분의 자녀들이 살아갈 지구가 많이 아픕니다. 죽음을 향한 절망의 길을 걷고 있습니다.

  그리고 약속드립니다.

  한 사람의 정치인으로서 이 책을 만드는데 쓰이는 '나무의 죽음'이 헛되지 않도록, 착한 에너지를 확대하여 우리나라를 살리는 일에 매진하겠습니다.

  아름드리 나무들과 청소년 여러분, 그리고 에너지 연구자 모든 분들께 감히 '약속' 드리며, 긴 인사를 마칩니다.

  고맙습니다.

2015. 11.

국회의원 이 원 욱

에너제틱한 정치인이 그리는 미래 에너지 세상

에너제틱(Energetic)한 정치인이 있습니다. 말 그대로 에너지가 넘칩니다. 물론 젊습니다. 그러나 단순히 젊기 때문에 발산되는 에너지가 아닙니다. 자신감, 추진력, 도전정신이 어우러진 에너지입니다. 아끼는 후배 정치인이지만, 부러우리만큼 축복받은 정치인의 밑천을 가진 사람입니다. 소싯적 꿈이 과학자였다고 하는데, 과학보다는 정치가 훨씬 잘 어울리는 그런 사람입니다. 그는 이원욱 국회의원입니다.

약 두 해 전에 이원욱 의원이 '신재생에너지 백과사전'을 엮어냈을 때도 한 말이지만, 에너지가 넘치는 정치인이 미래 에너지에 관심을 갖고 열정적으로 집중하는 모양이 참 흥미롭습니다. 그냥 한 번의 지나가는 이벤트가 아니라, 한층 한층 차곡차곡 쌓아가는 모습을 보니 역시 '이원욱답다'는 생각도 듭니다. 목표가 있으면 꼭 이루는 그의 기질을 생각하면 이원욱 의원이 그리는 '미래 에너지 세상'이 기대도 됩니다.

저 또한 에너지 문제에 적잖은 관심을 가지고 있습니다. 지난 2006년 산업자원부 장관을 역임하면서 신재생 에너지의 중요성을 강조하며 당시 2% 대에 머물러 있던 신재생에너지 공급비중을 5년 내 5%까지 확대하는 목표를 제시했습니다. 그리고 관련 예산을 4배나 늘려 풍력을 비롯하여 태양광, 수소연료전지 분야에 집중투자 한 바 있습니다.

사실 인류문명의 발전은 에너지 혁명에 기반해서 이뤄져 왔다고 해도 과언이 아닙니다. 증기기관이 산업사회를 열었고, 화석에너지에 이어 핵에너지에 이르게 되었습니다. 그러나 석유와 석탄 등의 화석에너지는 자원이 한정되어 있고, 핵발전은 후쿠시마 원전 사고가 증명해 준 대로 엄청난 위험부담을 감수해야 하는 상황입니다. 세계 선진 국가들이 미래 에너지에 막대한 관심과 투자에 나서고 있는 이유입니다.

솔직히 우리 기성세대들은 당장의 궁핍함을 벗어나는데 급급해 제대로 미래를 대비하지 못했습니다. 또한 당장의 풍요로움에 만족하다보니 결국 많은 문제들을 미래세대에 떠안기게 된 것은 아닌가 하는 반성을 합니다. 그러나 이제 정치권에서도 에너제틱한 정치인이 미래 에너지 문제에 천착하는 모습을 보며 다소나마 위안이 됩니다. 이원욱 의원의 열정이 담긴 이 책이 미래세대를 살아갈 여러분께 소중한 나침반이 되기를 기원하겠습니다.

국회의원 **정세균**

추천의 글

주저없이 일독을 권하며

몇 년 전 BMW-Korea에서 수소자동차를 시승해 달라는 요청을 받은 적이 있다. 학교로 차를 가져와 연구원들과 학생들을 번갈아 태운 채 교정을 몇 차례 달려 보았다. 달리는 내내 트렁크 안에 들어 있는 제법 큼직한 수소 탱크가 마음 한 구석을 지긋이 내려 누르고 있었다. 수소 폭탄을 짊어지고 다니는 느낌을 지우기 어려웠다. BMW는 다른 어떤 자동차 회사보다 특별히 수소자동차에 올인하는 것 같다. 세계적인 자동차 회사가 결코 쉽게 내린 결정은 아닐 듯싶다. 제레미 리프킨이 그의 저서 '수소 혁명'에서 주장한 미래 혁신의 그림을 대한민국 국회의 이원욱 의원이 이어가고 있다.

지금보다도 과학에 더 무지하던 시절 색맹이라서 이과를 선택하지 못해 "과학은 여전히 갈망의 대상"이라는 이원욱 의원은 이 책으로 어엿한 과학자 반열에 올랐다. 에디슨과 테슬라를 비교하며 시작한 그의 논의는 수소 경제의 도래와 온실 기체에 대한 대응을 거쳐 우리가 상상할 수 있는 거의 모든 미래 에너지에 관한 설명으로 이어진다. 개인적으로 에너지 전문가도 아니면서도 지구 환경의 미래를 걱정하며 물과 식량과 더불어 에너지에 관한 공부도 게을리할 수 없는 내게 이 책만큼 폭 넓고 친절하게 설명해준 책은 없다. 백과사전이라는 제목이 전혀 부끄럽지 않다.

'2009년 다윈의 해'를 겨냥해 하버드대 생물학자 에드워드 윌슨 교수와 DNA의 이중나선 구조를 밝혀 노벨상을 수상한 제임스 왓슨 박사는 2005년 마치 약속이라도 한 듯 나란히 다윈 평전을 냈다. 스승인 윌슨 교수께는 죄송하지만 나는 개인적으로 왓슨 박사의 평전이 더 훌륭하다고 생각한다. 윌슨 교수는 내가 전문가니까 하면서 독자와 눈높이를 맞추는 데 조금 실패한 반면, 유전학자 왓슨 박사는 정말 진지하게 독자들에게 다윈의 이론을 설명했다. 이원욱 의원 역시 왓슨 박사처럼 참으로 진솔하게 에너지에 관한 모든 걸 설명한다. 기후 변화와 인류의 미래를 걱정하는 모든 이들에게 주저 없이 일독을 권한다.

국립생태원 원장/기후변화센터 공동대표 **최재천**

인류를 살리는 백과사전의 탄생을 반기며

숨 가쁘게 경기교육을 위해 달려온 2015년을 마무리할 무렵, 반가운 소식이 도착했습니다.

평소 존경하는 국회 산업통상자원위원회 이원욱 의원께서 『미래에너지 백과사전』을 출간한다는 소식입니다. 이 의원께서는 이미 지난 2013년 봄, 청소년이 바라는 지구 살리기 실천서인 『신재생에너지 백과사전』을 발간하여 교육 현장의 커다란 호응을 얻은 바 있습니다.

바쁘신 의정 활동 중에도 이렇게 미래 꿈나무들을 위한 알찬 에너지 교육 길라잡이를 연이어 만들어 주시니 존경스러울 따름입니다. 그리고 한편으론 죄송한 마음도 들었습니다. 교육행정기관이 개발, 보급해야할 교육 자료를 이렇게 앞장서서 손수 만들어주시니 감사한 마음뿐입니다. 그동안 우리 인류는 급속한 경제 발전을 거듭해 오면서 지구 생태 환경을 소홀히 해온 것이 사실입니다.

늦은 감이 있지만 지금부터라도 지구촌의 모든 국가들이 이

해관계를 떠나 다함께 관심을 기울이는 것이 매우 시급합니다. 이는 인류의 생존 문제이자 미래 후손들에게 물려주어야 할 의무이기도 합니다. 또한 지금까지는 단순하게 환경보전이나 생태 환경 조성 쪽으로 환경 교육실천이 강조되어 왔지만 필자가 발간사에서 밝힌 것처럼 기후 변화와 미래 에너지 등 구체적인 미래 환경 교육이 이루어져야 합니다.

저는 제3대 주민직선 교육감 공약사항으로 '지속가능발전교육 활성화로 생명·생태 존중의식 강화'를 강조하며 학교 현장의 구체적인 실천 지원을 약속 하였습니다.

또한 경기도와 얼마전 『경기도 에너지비전 2030』을 선포하고 에너지 교육을 통한 신재생 미래 에너지에 대한 교육 현장의 노력을 강구하고 있습니다.

이에 발 맞춰 그동안 국회에서 이뤄진 '미래에너지전환 전문가 간담회'에서 다뤄진 에너지원과 기술동향 등에 관한 아주 귀한 정보를 책으로 엮어 우리 청소년들에게 보급하는 것은 매우 뜻 깊은 일이라고 생각합니다.

과학자를 꿈꿨던 이 의원님의 정성이 담뿍 담긴 이번 책자에는 수소경제와 온실기체, 에너지 저장장치와 에너지 변환, 그리고 신재생에너지 등 그동안 교과서에서 다루지 못했던 희귀한 자료들이 가득 담겼습니다.

또 인류 발전의 원동력이었던 에너지가 기후변화를 가져오면서 인류를 멸망시키는 원인이 되는 현실을 경고하면서도 다각적인 통계자료를 통해 새로운 대안을 제시하는 것도 잊지 않고 있습니다.

다시 한번 그동안 여러 전문가들과 머리를 맞대고 함께 노력해 온 결실이 귀한 교육 자료로 활용될 수 있도록 애써주신 이원욱 의원님의 노고에 진심으로 존경과 감사를 표합니다.

아울러 이 귀한 자료가 교육 현장에서 널리 활용되어 미래 세대를 위한 지구 살리기에 커다란 나침반이 되기를 기원합니다.

감사합니다.

경기도교육감 **이재정**

Part 1
수소경제의 실현, 지금 시작하라

수소경제
첫번째 이야기

수소경제
원칙은?

수소를 보는 두 가지 시선

우주에서 가장 많으며, 지구에서 가장 가벼운 원소는 무엇일까? 주기율표 맨 앞 순위에 이름을 올린 원소 1번은 무엇일까? 답은 수소다.

수소라는 기체를 두고 세상 사람을 둘로 나눈다면, 수소를 미래에너지원으로 보는 사람과 그렇지 않은 사람으로 구분할 수 있다.

전자는 수소야말로 미래에너지를 사용하는 형태인 분산형 전원에 가장 적합한 에너지 형태를 가질 수 있다고 말하며, 후자는 수소에너지를 만들고 저장, 운송하는 비용에 비해 사용하는 양은

원소
일정한 원자번호를 갖는 불변의 단순물질로써 다른 물질로 분해되거나 변환 또는 합성될 수 없다.

주기율표
원소들을 원자번호 순서대로 열거하되 반복되는 주기적 화학적 성질에 따라 배열한 표.

많지 않기 때문에 이론적으로는 좋을지 모르나 현실성은 없다고 말한다.

무엇이 정답일까?

미래에는 이산화탄소를 배출하지 않는 신재생에너지로 전기나 연료를 얻어야 한다고 생각한다면, 수소는 분명 가장 유효한 '미래에너지원'이다.

전원에는 집중형 전원과 분산형 전원이 있다.

집중형 전원은 큰 발전소를 하나 설치하고, 그 발전소에서 만든 전기를 송전과 배전망을 통해 멀리 떨어진 소비자에게 전달하는 방식이다. 경상도와 전라도에 설치된 대형 원자력 발전소에서 만들어진 전기는 장거리 여행을 통해 내가 살고 있는 화성시 동탄신도시까지 도착한다. 전기 손실은 얼마나 클까? 긴 여행 중 천재지변이라도 생긴다면 전기는 무사히 우리 집까지 도달할 수 있을까?

분산형 전원은 전기를 이용하는 소비자와 가까운 거리에서 만들어진다. 한 도시, 한 마을 사람들만 사용하기 때문에 적은 양의 전기를 만들 수 있는 발전소를 지으면 된다. 전기가 만들어지는 과정을 알 수 있으며, 전기가 손실되는 양도 거의 없다.

어떤 방식이 더 진보적일까?

세계는 지금 분산형 전원방식으로 가기 위한 정책을 택하고 있으며, 우리나라도 궁극적인 목적을 분산형 전원으로 규정하고 있다. 다만 분산형 전원을 외치면서도 집중형 발전의 대표 주인공이라 할 원자력 발전소를 더 짓는 모순적인 정책을 펴고 있지만 말이다.

초고압 직류송전
전력용 반도체를 이용하여 교류(AC)를 직류(DC)로 바꾸어 송전하는 차세대 전력전송 기술.

예전부터 분산형 발전과 집중형 발전은 논쟁의 중심에 있었다. 모태는 유명한 두 명의 과학자인 『에디슨과 테슬라의 논쟁』이다. 에디슨과 테슬라의 전기시스템을 둘러싼 싸움은 테슬라의 완승으로 끝났다. 에디슨은 세계 최초로 전등을 발명했지만 직류 전기냐 교류 전기냐를 둘러싼 논쟁에서 교류 전기를 주장한 테슬라에게 패배하고 말았다.

그로부터 100년이 흘렀다. 밀양송전탑을 둘러싼 사회적 갈등에서 보여지듯이 교류전기 송전의 문제점이 많이 부각되면서 다시 직류 송전이 부각되고 있다. 물론 초고압직류송전HVDC라는 기술이 개발되었기에 가능한 일이다.

에디슨과 테슬라의 논쟁

에디슨과 테슬라
〈출처: 위키백과〉

에디슨과 테슬라, 누가 옳을까?

1880년, 에디슨과 테슬라는 운명적으로 만났다. 평소 전기모터들의 다양한 디자인에 대해 고민이 많았던 테슬라는 교류시스템에 대한 확고한 신념이 있었다.

테슬라는 에디슨이 운영하는 회사에서 직원으로 일하며, 교류시스템을 주장했다.

"에디슨, 직류전기로는 1마일까지 전기를 전송하기 힘들지 않은가요? 교류시스템은 어떤가요?"

"테슬라, 무슨 말이요? 직류는 안전하지만 교류는 죽음의 전기입니다"

테슬라는 1년도 안돼 에디슨의 회사에서 나와, 스스로 교류시스템을 연구하기 시작했다. 연구 끝에 낸 교류에 관한 특허들을 조지 웨스팅하우스에게 로열티를 받고 팔았다. 당시 조지 웨스팅하우스는 엄청난 자본력과 탁월한 경영능력을 지니고 있었다. 웨스팅하우스는 1년 후 이 연구를 바탕으로 68

개의 교류 중앙발전소를 건설했다.

에디슨은 위협을 느꼈다. 맨해튼을 중심으로 한 외곽지역에 직류 중앙발전소 121개를 지었지만 반경 1마일 밖에 전기를 사용할 수 없어 문제가 많았다. 더 멀리 전기를 보내기 위해서는 더 높은 전압이 필요했지만 구리값이 비싸 경제성이 없었다.

테슬라의 교류발전소는 달랐다. 발전소가 멀리 있어도 전체 도시에 필요한 전기를 공급할 수 있었다.

에디슨은 교류발전이 안전하지 않다며, 비밀리에 브라운이라는 사람을 시켜 '교류가 한번에 개를 죽일 수 있음'을 알렸다. 그러나 이는 전압 탓이 아니라 전류 탓이었다. 교류와 직류의 차이가 아니라 전기양의 차이였다. 에디슨은 계속 테슬라를 공격했다. 그러나 이미 승패는 결정되었다. 교류 중앙발전소가 직류 발전소보다 더 많이 생겨났고, 교류 기술은 기관차와 자동차 등에도 동력을 공급할 수 있을 만큼 가격도 싸졌다.

하지만 과학자 테슬라의 말년은 외로웠다. 공황이 일어나 교류 산업이 어려워지자 로열티를 포기했다. 새로운 개발도 시도했지만 현실성이 없다는 이유로 외면당했다.

1943년 1월 7일, 테슬라는 88살에 무일푼으로 혼자 죽음을 맞이했다.

반면 에디슨은 발명가이자 기업가로서 성공했다.

테슬라와 에디슨의 전류전쟁, 진정한 승자는 누구일까?

돈과 명예가 판단 기준이라면 에디슨이겠지만, 우리가 전기를 올바르고 효율적으로 사용하는데 큰 기여를 한 사람은 테슬라다.

100년이 지난 지금, 세계는 다시 분산형 전원을 요구하고 있다. 역사는 수레바퀴처럼 반복한다지만, 전기역사도 그렇다.

분산형 전원시스템, 수소가 만든다

수소는 분산형 전원에 가장 적합한 에너지원이다.

내가 사는 도시, 내가 사는 마을에 원자력발전소를 짓겠다는 사람은 없다. 깨끗하면서도 자원이 순환될 수 있는 신재생에너지를 이용해 전기를 만들고 싶어한다. 지붕과 옥상에 설치한 태양광 발전기, 도로 옆에 설치된 작은 풍력 발전기로 전기를 만들고, 필요한 전력을 공급받을 수 있다. 그런데 현재 기술로는 태양광이나 풍력으로 생산한 전기를 오랜 기간 보관할 수 없다. 에너지저장장치가 활발히 개발되고 있지만 아직은 기술적으로 한계가 있다. 태양광과 풍력발전을 이용해 만든 전기를 수소로 바꿔 저장해 사용하면 어떨까? 또 철을 만드는 제철공장에서 나오는 부생가스에서 수소를 추출해 이용할 수도 있다. 연료전지 발전소에서 수소를 전기로 바꿀 수도 있다. 물론 수소를 연료로 이용하는 연료전지 기술은 효율을 높여야 한다.

최근 정부가 추진하고 있는 『울릉도 에너지 자립 섬 정책』은 섬에서 사용하는 전기를 신재생에너지로 만들겠다는 아름다운 목표를 두고 설정하고 있

에너지저장장치
과잉생산된 전력을 저장했다가 전력부족이 발생하면 송전해주는 저장장치.

연료전지
전기를 이용해 물을 수소와 산소로 분해하는 것을 역이용하여 수소와 산소에서 전기 에너지를 얻는 것. 연료 전지는 중간에 발전소에 달린 터빈 장치를 사용하지 않고, 수소와 산소의 반응에 의해 전기를 직접 생산하기 때문에 발전 효율이 매우 높다.

다. 1단계에는 태양광과 풍력 등을 이용해 전기를 생산하며, 2단계는 지열과 연료전지 발전소를 만들어 전기를 만들겠다는 계획이다.

연료전지 발전소는 수소를 이용해 전기를 만드는 기술이다. 문제는 연료전지 발전을 위한 '수소'를 어디서 구할 것인가 하는 점이다.

산업통상자원부는 육지에서 'LNG'를 들여와 거기서 수소를 추출해 연료전지 발전소의 원료로 사용하겠다고 밝혔다. LNG에서 수소를 만든다는 발상은 한층 발전된 정책으로 보인다. 그러나 진정한 의미에서의 '에너지 자립'은 아니다. 지금까지 경유를 이용한 디젤발전기로 전기를 공급해 오던 것을 LNG로 바꾸겠다는 것이다. 결국 외부에서 이름만 바뀐 화석연료를 공급받아야 한다. 지금 정부가 추진하는 '울릉도 에너지 자립섬'은 '자립'의 용어가 빠져야 한다. 울릉도 에너지 자립섬이 진정한 의미에서 에너지 자립섬이 되길 바란다.

한창 개발되고 있는 해수온도차 발전, 파력발전 등 풍부한 바다에너지와 태양광, 풍력, 지열 등 신재생 에너지가 만들어 낸 아름다운 청정지역 울릉도를 그려보는 것은 꿈에 불과할까?

LNG
액화천연가스, 가스전에서 채취한 천연가스를 정제하여 얻은 메탄을 냉각해 액화시킨 것이다. 주성분이 메탄이라는 점에서 LPG와 구별된다.

디젤발전기
자기에너지를 만드는 발전기와 디젤기관의 조합. 디젤은 독일의 열공학자로, 디젤기관이라는 내연기관을 발명.

수소경제는 공유사회의 지름길

2015년 7월 9일 덴마크, 풍력발전으로 생산되는 전기의 양이 자기 나라에서 필요한 전기의 수요량을 넘어섰다. 낮에는 16%, 밤에는 40%나 초과한다고 한다. 남는 전기는 노르웨이, 스웨덴, 독일 등으로 수출한다.

필요한 전기를 신재생에너지로 모두 생산할 수 있다는 말은 꿈 속에서나 가능한 일로 보였다. 덴마크는 그 꿈을 현실로 실현하고 수출까지 하는 나라가 되었다.

더 특징적인 것은 운영하는 회사다. 덴마크의 풍력발전소는 지역 주민들의 자발적 조직인 협동조합이 운영하는 경우가 많다. 『비도우레 풍력협동조합』이 대표적이다.

우리는 덴마크의 분산형 전원을 추구하면서도, 사회적 경제를 통해 '공유사회'를 추구하는 모습을 따라 배워야한다. 행복지수 1위 국가인 덴마크, 숨은 이면에는 주민의 신뢰를 바탕으로 공유사회를 만들려는 노력이 있었던 것이다.

수소경제에 있어서도 이런 원칙을 지녀야 한다.

그런데 풍력발전소에서 나오는 전기는 바람의 세기에 따라 생산을 못하는 등 제약이 있다. 『수소

사회적 경제
'사람 중심의 경제'로서 이윤의 극대화가 최고의 가치인 시장경제와 달리 사람의 가치를 우위에 두는 경제활동을 말함. 사회적 경제조직으로는 협동조합, 사회적기업, 마을기업, 공정무역 등이 있음.

혁명』의 저자 제레미 리프킨은 그 제약을 수소를 생산해 풀 수 있다고 생각했다. 태양광, 풍력 등 불규칙하게 생산되는 전기를 이용해서 수소를 만들어 저장하고, 수소를 이용해 연료전지발전, 수소차 등에 활용함으로써 탄소제로 사회를 만들어 가자는 것이다. 덴마크의 현재는, 덴마크정부가 '공유사회'를 추구하는 원칙을 지키고, 정책을 추진해 얻은 결과다. 수소경제 역시 에너지 공유의 마음, 우리 마을을 청정에너지로 만들겠다는 마음이 함께 해야 가능하다. 이것이 기본이다.

덴마크의 예에서 보듯이 더딘 걸음이더라도 미래에 맞는 원칙을 만들고, 그 원칙대로 걸어가야 한다.

수소혁명
제레미 리프킨이 지은 책. 산업시대 초기에 석탄과 증기기관이라는 새로운 경제 패러다임을 마련했듯이 이제 수소에너지가 기존의 경제, 정치, 사회를 근본적으로 바꿀 것이라고 예견하는 경제서.

덴마크의 '비도우레 풍력협동조합'을 아세요?

2007년, 네 명의 덴마크 시민이 50크로나(6,600원 가량)씩 출자해 설립한 비도우레는 지금은 조합원 2,268명, 자본금 540만크로나를 가진 협동조합으로 성장했다. 지역주민도 437명이 참여하고 있다. 연 수익 11%정도가 조합 주민들에게 돌아가고 있다.

비도우레 풍력발전소는 지역의 5,000여 가구에 전기를 공급하고 있다. 비도우레 협동조합이 생산하는 전기는 화석연료를 전혀 사용하지 않는다. 1970년대 에너지의 99%를 수입했던 덴마크가 이렇듯 청정에너지로 자급하고 수출까지 할 수 있는 이유는 무엇일까?

덴마크는 1973년 오일 쇼크를 겪으면서 더 이상 석유를 쓰지 않고, 원자력 발전도 하지 말자고 결정한다. 방법은 신재생에너지였다. 쉽고 빠른 방법보다는 가치를 우선하는 정책을 세운 것이다. 국민들은 그 정책을 믿고 따랐다. 풍력발전에서 가장 큰 문제는 '소음'으로 인한 님비현상이었다. 비도우레 협동조합은 시민을 설득하고, 한 편에서는 주민의 대변자로서 나섰다. 대안으로는 해상풍력을 채택했다. 8년 만에 덴마크는 신재생에너지로 에너지 자립을 넘어 전기를 수출하는 나라로 발돋움하게 된다.

수소경제의 꿈

수소경제, 수소사회의 모습은 어떤 것일까?

'과학자들은 연구개발을 통해 신재생에너지로부터 싸게 수소를 만들 수 있는 기술을 개발한다. 정치가들은 신재생에너지를 이용해 수소를 생산할 수 있도록, 정책적 지원을 다하고, 시민 스스로 협동조합을 만들어 수소사회를 구축할 수 있도록 돕는다. 시민들은 바람과 태양을 이용해 전기를 만들어 사용하고, 남는 전기는 수소를 만들어 저장해 놓는다. 바람이나 태양이 약해 전기를 생산할 수 없을 때, 그 수소를 이용해 연료전지 발전기를 돌려 전기를 생산한다. 그 수소의 일부는 수소차의 연료로 사용한다.'

지금 우리는 탄소시대에서 수소시대로 전환하고 있다. 이산화탄소를 적게 배출하는 경제 시스템을 만들고, 신재생에너지를 통해 전기를 만들어야 한다. 그 과정에 '수소'가 있다.

누가 할 것인가?

누가 수소경제의 주역이 될 것인가?

이 물음에 진지하게 답하는 나라가 머지 않아 열릴 '수소경제 시대를 이끌 리더'가 될 것이다.

수소, 쓰임새가 참 많은 기체

수소는 장점이 많은 기체다. 우주 질량의 75%를 차지해 우주에서 가장 풍부한 원소다. 산소와 결합하면 물이 되고 질소와 결합하면 암모니아가 된다.

물과 암모니아는 생명이 탄생하는데 필수적인 분자다. 그래서 모든 유기화합물에는 수소가 있다.

수소는 가연성이 크다. 공기나 염소 기체와 섞여 있으면 전기 스파크, 열 또는 빛 때문에 폭발할 수 있다. 특별한 자극이 없어도 온도가 500도$^{℃}$ 이상 올라가면 폭발한다.

식물성 액체 지방과 반응시켜 마가린을 생산하기도 한다. 일산화탄소와 반응하면 메탄올이 되고 염소와 반응시켜 염산이 된다.

17세기 유럽에서 수소가 발견된 이후 수소의 쓰임새가 많아 사람들은 수소를 산업에 활용하기 위해 다양한 연구개발을 해왔다.

수소경제
두번째 이야기

수소를 만드는 『新연금술』

지구를 살리는 '새로운 연금술'

2015년 10월 21일은 특별한 날이다.

영화 『백 투 더 퓨처』Back to the future에서 주인공 마티가 브라운 박사와 함께 타임머신을 타고 도착한 미래 시간이 바로 그 날, 2015년 10월 21일이었다. 이 날 세계에서 수소차 개발과 판매에 가장 적극적인 일본 토요타사는 수소차 '미라이' 판매를 시작했다. 미라이는 미래라는 뜻으로, 수소차가 미래지향적인 자동차임을 상징한다.

발빠른 개발과 마케팅에 수소차하면 사람들은 이제 '일본'을 떠올린다. 그러나 이미 우리나라 현대자동차도 2013년 수소차 '투싼 IX35'를 개발해 수출을 시작했다. 문제는 수소차의 가격이 1억원이 넘고, 수소를 주입할 수 있는 충전 시설이 부족하다는 점이다. 법과 제도 또한 정비되어 있지 않다. 수소차의 보급을 확대하기 위해서는 제도의 정비와 함께 수소스테이션 등 충전할 수 있는 시설을 갖추어야 하며, 수소차를 구입할 때 정부가 재정을 보조하는 등 제도도 마련해야 한다.

전기차와 수소차의 공통점은, 최종 동력으로 모터를 사용한다. 내연기관 엔진이 아닌 전기 모터를 사용한다는 점이 기존의 자동차와 다르다. 기존의 내연기관 엔진은 가솔린이나 디젤을 엔진에 직접 분사하여 그 폭발력을 이용해 운동에너지를 만들고, 자동차를 움직이게 하는 방식이다.

차이도 있다. 전기차는 차에 충전용 배터리^{battery}를 설치하여 전기를 충전했다가 전기를 직접 뽑아 모터를 돌리는 방식이다. 수소차는 수소를 원료로 하는 연료전지 발전기로 생산된 전기가 모터를 돌려 차를 움직인다.

『백 투 더 퓨처』^{Back to the future}의 주인공, 마티 맥플라이는 30년 전 '수소를 연료로 하는 자동차'를 상상이나 했을까?

미래가 성큼 우리 앞에 다가오고 있다.

운동에너지
움직이는 물체를 다른 물체에 힘을 작용하여 이동시킬 수 있음. 이처럼 운동하는 물체가 가리는 에너지를 말함.

어떻게 수소를 만들지?

수소를 발견한 사람은 1,700년대 영국의 화학자이자 물리학자인 헨리 캐번디시이다. 그는 아연과 염산을 반응시켜 분리되는 기체를 발견했다. 이후 수소가 기체 중에서 폭발할 때 물이 만들어지는 것을 보고, 수소가 원소라는 사실을 알았다. 그리고 수소를 '불에 타는 기체'라고 불렀다.

16세기에도 연금술사들은 강한 산성 물질에 금속을 넣어 수소를 만드는 방법을 알고 있었다. 물에 녹였을 때 수소 이온을 많이 내놓는 물질을 강한 산성을 띠고 있다고 해서 강산으로 부르는데, 그 강산에 금속을 집어넣어 수소를 얻었다.

수소를 얻는 갖가지 방법

지금은 여러 가지 기술들이 개발되어 수소가 생산되고 있다. 가장 전통적인 방법은 수전해 방식, 즉 물을 전기분해해서 수소를 얻는 방법이다.

물(H_2O)을 두 전극 사이에 넣고 전기를 흘리면 양극(+)에서는 산소(O_2)가 발생하고 음극(-)에서는 수소(H_2)가 발생하는 원리를 이용하는 방법이다. 전력이 풍부한 나라에서는 수소를 만들 때 이 방법을 주로 사용한다.

물에 전류를 흘려 주었을 때의 변화를 나타낸 모형

다음으로 개질이란 방법이 있다. 가스나 석탄에 열이나 촉매의 힘을 이용해서 탄화수소를 얻고, 탄화수소에서 수소를 얻는다. 열을 이용하면 열 개질, 촉매를 이용하면 접촉 개질이라 한다.

바이오매스를 이용하는 방법도 있다. 톱밥, 갈대 등을 미생물로 발효시키면 당이 생기는데, 이 당질을 수소와 이산화탄소로 분리해서 수소를 얻는다.

광생물학적인 방법은 바이오매스 발효 과정이 필요 없다. 미생물에 빛을 쏘여 광합성을 할 수 있도록 하고, 개미산 등을 생산한다. 이를 분리해서 수소를 얻는다.

광전기화학적 방법은 인공광합성이다. 식물이

촉매
화학 반응에 참여하여 반응 속도를 변화시키지만 그 자신은 반응 전후에 원래대로 남는 물질을 촉매라고 한다.

개미산(formic acid)
개미(Formica)로부터 증류하여 이 산을 얻었기 때문에 이와 같이 명명되었다. 천연적으로는 개미 외에 쐐기풀 등의 식물에도 함유되어 있다. 쐐기풀에 닿으면 짜릿짜릿한 것은 이 포름산이 원인의 하나라고 한다. 탄수화물대사의 최종산물 중 하나로 다량 축적된다. 화학기호는 HCOOH.

광합성을 하는 성질을 응용해 미생물 없이 화합물에 바로 빛을 쏘아서 수소를 얻는다.

이 중 현재 산업에서 이용가치가 있는 기술은 개질과 수전해 방법이다. 다만 물의 전기분해, 즉 수전해 방법은 비용이 너무 많이 든다는 단점이 있다.

바이오매스·광생물학적·광전기화학적 기술은 아직 연구 개발 중이다. 이 방식들은 수소 말고도 다른 화학물질도 얻을 수 있기 때문에 다른 화학물질을 필요로 할 때도 사용한다. C1가스 리파이너리, 일렉트로퓨얼 등이 바로 이 기술에 해당된다.

바이오매스
에너지원으로 사용되기 위해서 사용되는 식물이나 동물 같은 생물체. 생물체에서 얻어지는 에너지원으로 사용할 수 있는 메탄가스나 에탄올 등을 바이오매스에너지라고 부름.

C1가스 리파이너리
탄소 1개로 이루어진 가스(C1)를 만들어 다양한 기초화학소재 및 수송연료를 생산하는 기술. 주로 셰일가스에 포함된 메탄(CH_4)과 화력발전소와 제철소에서 발생하는 가스인 일산화탄소(CO) 메탄가스(CH_4)에서 추출한다.

옥수수 잎줄기에서 직접 수소를 추출해요.

옥수수에서 수소 추출에 성공한 미국 버지니아텍 퍼시벌 장 교수팀 〈출처: 버지니아텍〉

최근 옥수수 잎줄기에서 바로 수소를 생산하는 기술이 개발되었다.

2015년 4월 영국의 『인디펜더트』지는 미국 버지니아텍의 퍼시벌 장 교수팀이 옥수수 잎줄기에서 직접 수소를 추출하는 기술을 개발했다고 보도했다.

퍼시벌 장 교수는 식물성 당분인 자일로스와 포도당 등 10종의 효소를 섞은 수용액에 유기 바이오매스를 혼합하는 방식으로 수소를 생산했다.

전에도 옥수수의 당분을 발효시켜 에탄올 등을 만들고 촉매를 통해 수소를 생산했지만 곡물 값이 오르고, 환경을 파괴할 수 있어 부정적인 인식이 많았다. 이번에 장 교수팀이 개발한 신기술은 식물성 당분에서 직접 수소를 추출하고, 그 효율도 100%에 가까운 것으로 알려졌다.

장 교수는 "3년에서 5년 후에는 하루에 자동차 40대를 충전할 수 있는 수소스테이션을 만들 것"이라고 말했다. 성공을 기대한다.

개질, 수소를 얻는 가장 보편적인 방법

개질에서 가장 많이 사용하는 것은 천연가스, 즉 LNG를 이용하는 것이다. 천연가스에 수증기를 쏴서 수소를 추출한다.

천연가스 성분은 90% 이상의 메탄^{CH_4}과 약간의 에탄, 프로판, 부탄 등으로 구성되어있다.

먼저 천연가스에서 황산화물을 제거한 메탄가스를 만든다. 메탄가스에 700~800도℃ 정도의 수증기를 섞어 주면 화학반응을 일으켜 60%의 수소^{H_2}와 10%의 일산화탄소^{CO}, 19%의 이산화탄소^{CO_2}, 6%의 공기가 만들어진다.

메탄(CH_4)

가장 간단한 유기 화합물로, 천연 가스의 주성분이다. 무색, 무취인 가연성 기체로서, 끓는점이 −164℃로 매우 낮으므로 액화가 매우 어렵다.

에탄(C_2H_6)

천연 가스나 원유에 일부 함유되어 있는 탄화수소인 에탄(에테인)은 탄소가 2개인 지방족 포화탄화수소이다.

프로판(C_3H_8)

3개의 탄소 원자와 8개의 수소 원자로 이루어진 알칸족 탄화수소로 석유 정제를 통하여 얻는다.

	탈황	수소변환		CO 제거
		수중기 개질	CO 변성	
전류				
공정식	$HS + S \rightarrow HC$	$HS + H_2O \rightarrow$ $H_2 + CO$	$CO_2 + H_2O \rightarrow$ $H_2 + CO_2$	$CO + 1/2O_2 \rightarrow$ $H_2 + CO_2$
비고	황제거	전류	전류	전류

수소생산에 있어 개질공정 과정 〈출처: 현대 하이스코(2011)〉

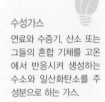

이 혼합가스는 수성가스 전환공정을 거치면
75%의 수소와 0.5%의 일산화탄소로 변하게 된다.
수소를 제외한 0.5%의 일산화탄소는 수소를 산화
시키지 않고, 백금 등의 촉매를 사용해 일산화탄
소하는 제거하는 방법인 『선택적 산화과정』을 통
해 대부분 제거된다. 오직 수소 75%만 남는다.

백금 말고도 많이 사용되는 촉매는 철크롬을 섞어 만든 합금
인 철크롬$^{Fe-Cr}$ 촉매, 구리와 아연을 섞어 만든 합금인 구리아연
$^{Cu-Zn}$계 촉매다. 메탄에서 수소를 얻는 비율은 1:4다.

단계	반응온도	화학반응식
수증기 개질	700~800℃	$CH_4 + 2H_2O \rightarrow CO + 3H_2 + H_2O$
수성가스전환반응	400~550℃	$CO + 3H_2 + H_2O \rightarrow CO_2 + 4H_2$
	120~220℃	
선택적 산화	110~160℃	$CO(미반응) + 1/O_2 \rightarrow CO_2$
개질반응		$CH_4 + 2H_2O \rightarrow CO_2 + 4H_2$

수증기 메탄 개질기의 화학 반응식 〈출처: 박세준 외(2009)〉

물을 전기 분해하면 수소가 쏙쏙

수전해^{水電解}는 말 그대로 물의 전기
분해를 통해 수소를 얻는 방법이다. 수전해는 앞서 본 개질 방
식과 달리 일산화탄소와 이산화탄소가 생기지 않는다. 다만 전

기자극을 가해줘야 하는데, 안타깝게도 이 때 필
요한 에너지의 비용이 수소를 얻는 비용보다 더
비싸다.

산화반응
화학 반응에서 전자를 잃
는 것을 산화라고 함.

환원반응
화학반응에서 전자를 얻는
것을 환원이라고 함. 산화
환원은 동시에 일어남.

수전해는 물을 전기분해하는 장치인 전해조에
서 일어난다. 전해조는 양극과 음극, 두 가지 전
극과 전해액, 전해질로 구성된다. 양극에선 산화
반응이, 음극에선 환원반응이 일어나며, 전해액은 이온이나 분
자형태의 산이나 알칼리 수용액이다. 전해질은 양극액과 음극
액을 분리하고, 필요한 이온을 선택적으로 통과시킨다.

수전해 방식은 세
가지로 알칼리 수전
해 · 고분자 전해질
막 수전해 · 고온 수
전해 방식이 있다.

우선 알칼리 수전
해는 20~30%의 수
산화칼륨KOH용액을
사용한다. 전해질
로는 수산화이온OH-

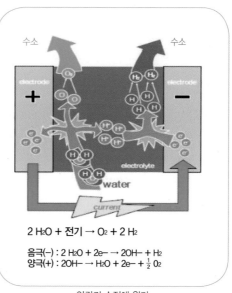

$$2 H_2O + 전기 \rightarrow O_2 + 2 H_2$$

음극(-) : $2 H_2O + 2e- \rightarrow 2OH- + H_2$
양극(+) : $2OH- \rightarrow H_2O + 2e- + \frac{1}{2} O_2$

알칼리 수전해 원리

만을 통과시키는 다공질 석면이나 테플론을 사용한다. 전극은 니켈층을 입힌 금속이나 철과 탄소의 합금을 사용한다. 알칼리 수전해 셀에 전기를 가해주면 음극에서 물^{H_2O}이 분해되어 수소$^{H+}$가 발생한다. 분해된 수산화이온$^{OH-}$은 전해질을 통과해 양극으로 이동해 산소와 만나 물이 된다.

고분자 전해질막 전기분해는 물을 전해액으로 사용하고 고분자 계열 이온교환막이 이용된다. 전극 재료로는 주로 백금 계열 금속이 사용된다. 고분자 전해질막 수전해 셀에 전기를 가하면 양쪽 극에서 물이 분해돼 산소가 발생한다. 분리된 수소는 이온교환막을 통해 음극으로 이동해 수소가 된다.

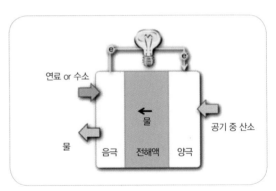

고체산화물연료전지(Solid Oxide Fuel Cells)구조 및 작동원리
〈출처: 한국에너지기술연구원, 김선동(2011)〉

고온 수전해는 고체산화물 연료전지와 전기 분해를 융합한 고체산화물 수전해 셀을 이용한다. 고온 수전해는 고온의 수증기를 전기로 자극하면 전기화학적인 분해반응이 일어나 수소와 산소가 분리되는 공정이다. 이 때 주변에서 열을 흡수하는 흡열 반응이 일어나기 때문에 지속적으로 열과 전기에너지를 공급해야 한다.

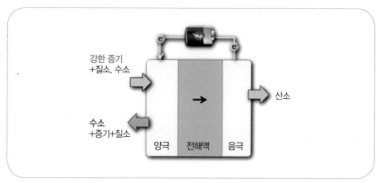

고체산화물수전해셀(Solid Oxide Electrolysis Cells)구조 및 작동원리
〈출처: 한국에너지기술연구원, 김선동(2011)〉

어떤 촉매를 사용해야 하나?

촉매는 수소 생산량을 늘리거나 에너지 사용량을 줄이는 역할을 한다.

수전해에서 가장 많이 쓰이는 촉매는 코발트이며, 가장 값이 싼 촉매는 구리, 철, 망간철이다. 효율이 좋은 촉매에는 백금이 있다.

최근엔 식물의 광합성 작용을 참고해 촉매가 개발되고 있다.

사실 가장 좋은 촉매는 식물 잎에서 발견되는 촉매다. 크기가 1mm보다 낮지만 상당량의 당분을 축적한다. 식물 촉매는 망간, 질소, 산소, 칼슘 등으로 구성되어 있다. 다만 안정성이 낮은 단점이 있다.

최근에 각광받는 촉매는 망간을 이용한 촉매다. 망간은 모든 전달 금속 중 가장 좋은 촉매로 평가받고 있다.

서울대학교 재료공학부 남기태 교수는 산화망간과 산화니켈을 합성해 2015년 세계에서 가장 좋은 촉매를 개발했다고 보고했다.

수소 먹고 전기를 낳아요, '연료전지'

터빈(turbine)
증기, 가스, 물, 공기 등이 가지는 에너지를 회전운동으로 바꾸는 장치.

연료전지는 수소를 공급받아 공기 중에 있는 산소와 결합해 전기와 물을 만드는 장치다. 전기를 이용해 물을 수소와 산소로 분리하는 방식인 수전해와 정반대의 과정이다.

연료전지 발전은 전기를 만드는 과정에서 발전터빈과 같은 장치를 사용하지 않는다. 또 수소와 산소가 반응해 전기를 만들기 때문에 발전 효율이 매우 높다. 중간에 소모되는 전기량도 적다.

또한 연료전지는 화력발전소 등과 비교할 때 규모가 작아 규모의 경제성이 있다. 전기를 만든 후 남는 물질도 물뿐이어서 환경 친화적이다. 집 근처 등에 설치해도 주민에게 해롭지 않기 때문에 송전선로를 만드는 비용도 줄일 수 있다.

연료전지의 연료는 수소다. 아직까지는 천연가스LNG를 통해 수소를 얻는 방법이 경제성을 갖는다. 우리나라는 일본에 이어 세계 2위 천연가스 수입국으로, 일찍이 연료전지 산업을 육성해 왔다.

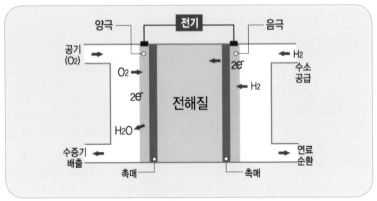

연료전지의 원리 〈출처: KAIST〉

연료전지 방법을 구분하는 기준은 '전해질'

연료전지는 전해질의 종류에 따라 인산염 연료전지, 고분자전해질 연료전지, 용융탄산염 연료전지, 고체산화물 연료전지로 나뉜다.

인산염 연료전지는 1세대 연료전지라고 불린다. 효율이 47%나 되고, 6년 동안 사용할 수 있다.

고분자전해질 연료전지는 2세대 연료전지다. 희귀 금속인 백금을 촉매로 사용하기 때문에 돈이 많이 들어 큰 규모로 하기엔 무리가 있다. 가정용이나 차량용으로 사용할 연료전지에 적당하다.

용융탄산염 연료전지는 우리나라 기업인 포스코에너지가 개발했다. 650도℃ 이상에서 전기를 생산할 수 있으며, 재료가 모

두 철이다. 포스코 에너지가 철을 제조하는 포스코
의 계열사이기 때문에 쉽게 재료를 얻을 수 있다.
다만 이 기술은 가정이나 차량에서 사용하기에 적
당하지 않다. 큰 설비로 설치해야 경제성에 맞기 때

메가와트
전력의 단위
1KW = 1,000w
1MW = 1,000,000와트

문에 메가와트^{MW}급 대형 발전에 적합하다. 현재 1~2 메가와트
급 발전이 개발되었으며, 향후 10메가와트급 개발을 계획하고
있다. 수명은 5년 정도이며, 효율은 45%다. 이 기술로 경기도
화성시 발안공단에 58.8메가와트의 세계 최대 연료전지 발전소
인 경기그린에너지가 설립되어 운영되고 있다.

고체산화물 연료전지는 현재 세계에서 가장 뜨겁게 연구되는
분야로 차세대 연료전지라는 이름으로 불린다. 700~800도$^{℃}$의
높은 온도에서 발전하며, 효율이 50~60%로, 다른 기술보다 높

수소연료전지를 이용한 모바일용 충전기

일본 바이오 코그랩(Bio Coke Lab)사의 시제품
모바일 기기 충전용

우리 생활에서 쉽게 사용되는 연료전지 〈출처: http://www.beupp.com/〉

다. 소재 비용도 저렴해 생산할 때 돈이 덜 든다.

소형화가 가능해 노트북, 휴대전화 등에 충전용으로 사용할 수 있는 휴대용 연료전지로 적합하다.

수소생산, 이제는 신재생에너지에서 시작하자

지금까지는 천연가스에서 수소를 생산했다면, 이제는 신재생에너지에 주목해야 한다. 천연가스를 이용한 연료전지 기술에서, 신재생에너지를 이용한 기술로 전환해야 한다. 꿈의 에너지장치, 연료전지가 빛을 발하기 위해서는 화석연료인 천연가스와는 이별해야 할 것이다.

30여 년 전 영화 『백 투 더 퓨처』^{Back to the future}의 청년 마티 맥플라이가 훌쩍 날아간 미래는 2015년이다. 30년 후 우리 지구는 어떤 모습을 띠고 있을까? 지금의 연료전지 발전은 천연가스에서 얻은 수소를 이용했다면, 2045년엔 바람과 태양이 만든 수소를 이용하지 않을까?

바람과 태양을 머금은 수소연료전지차가 우리 미래를 향해 달려가고 있다.

수소경제
세번째 이야기

수소탱크를
가정에

가까운 미래, 도시에는 주유소 대신 전기충전소와 수소충전소, 수소스테이션이 들어설 것이다. 사람들은 전기차나 수소차를 타고 출근한다. 가까운 곳에 다니는 사람들은 전기차를 이용한다. 그러나 먼 거리를 자주 다니는 사람들에게는 수소차가 필요하다. 수소차는 단 한 번만 충전해도 갈 수 있는 거리가 전기차보다 다섯 배나 길다. 매연을 내뿜는 차량도 이제 거의 돌아다니지 않는다. 자동차 박물관에서나 볼 수 있다.

수소 폭탄 때문에 수소가 위험하다고 여겼던 사람들은 수소충전소를 동네가 아닌 도시 밖에 세웠다. 수소를 연료로 사용하기 위해서는 무엇보다 안전해야 하기 때문이다. 특히 용기 문제가 중요했다. 안전한 용기가 개발되고, 수소가 여러모로 쓰이면

수소스테이션
〈출처: 한국에너지기술연구원〉

서 수소충전소는 동네 안으로 들어 왔다.

수소는 수소차 연료로만 사용되지 않는다. 가정용 연료전지
의 연료로도 쓰인다.

연료전지는 수소를 넣어 전기를 발생시키는 장치다.

수소시대가 되자 가스보일러를 대신한 연료전지보일러로
겨울철을 따뜻하게 지낼 수 있다. 수소를 이용해 여름철 냉방
도 가능하게 되었다.

가정에서는 수소를 직접 생산한다. 지붕 위에 설치된 태양
광 발전기에서 생산한 전기로 산소와 수소를 얻는다. 생산된
산소는 공기 중에 방출하거나 집 안에 공급해 환기용으로 사
용한다.

또 수소를 집 안에 있는 수소 탱크에 저장했다가 필요할 때

꺼내 사용한다. 집에서 사용하고 남는 수소는 작은 용기에 담아 부족한 사람에게 팔기도 한다. 인터넷을 통해 중개해 주는 새로운 직업도 생겼다.

예전엔 수소를 저장할 때 압축한 형태로 사용했지만, 이제 수소는 기체 상태가 아닌 액체로 만들어 사용한다. 기체보다 더 많은 양을 저장할 수 있게 되었다. 굳이 수소충전소에 가지 않아도 된다. 가정용 수소탱크에 저장된 수소를 충전하면 어느 정도 가까운 거리는 움직일 수 있다.

꿈의 수소시대의 모습이 우리 앞에 다가오고 있다.

기체·액체·고체, 서로 다른 '수소'

수소가 에너지원으로써 가치가 있으려면, 생산비가 싸야 하고, 쉽고 안전하게 저장할 수 있어야 한다. 저장하는 비용도 수소를 이용할 때 드는 에너지 비용보다 더 저렴해야 한다.

그래서 많은 과학자들은 수소를 더 안전하게, 더 값싸게, 더 쉽게 저장하는 방법이 무엇인지를 연구해 왔다.

수소를 저장하는 방식은 세 가지다.

바(bar)
압력의 단위. 보통 1바는
0.986923 기압을 말함.

높은 압력을 주어 부피를 줄여 압축해 저장하거
나, 기체를 액체 상태로 만들어 저장하거나, 수소
를 금속에 흡수시켜 저장하는 방식이다. 기체·액
체·고체, 서로 다른 상태로 저장하는 것이다.

고압수소, 용기에 주목해야

먼저 수소를 기체 상태로 저장하는
방식을 보자. 가장 중요한 것은 용기다. 강도가 높고, 높은 압력
으로 압축할 수 있어야 한다. 우리나라에서는 500~700바[bar]급
수소저장 용기가 개발됐으며, 일본에서는 한 발 나아가 900바[bar]
급도 용기가 개발되었다. 고강도 고압가스탱크는 일반 공기보

여러 가지 수소저장 용기 〈출처: NK〉

다 500배에서 900배 이상 높은 압력을 견뎌야 하기 때문이다.

용기를 만드는 소재로는 이음새가 없어 용접을 하지 않아도 되는 금속을 사용한다. 이음새가 없으면 가스가 밖으로 샐 염려가 없다. 그런데 수소의 기본 성질이 금속을 쉽게 부식시키기 때문에 이음새가 없더라도 수명이 짧다. 과학자들은 탄소 섬유에 눈길을 돌렸다. 탄소 섬유를 수천 번 감아 원통을 만들고, 그 곳에 수소를 저장한다. 탄소 섬유는 강철보다 강도가 다섯 배나 높고, 부식될 염려가 없다. 무게도 금속보다 가볍다.

액체수소, 다양하게 활용할 수 있어

기체인 수소를 액체로 만들어 저장하는 방법도 있다. 같은 무게의 수소를 액체로 만들어 보관, 사용할 때 더 다양하게 활용할 수 있다. 과학자들이 액체수소 로켓을 만들어 산소와 반응시켜 우주로 날려 보낼 수 있는 이유도 기체 상태보다 액체 상태에서 더 많은 일을 할 수 있는 수소의 특징 때문이다. 수소를 액체로 저장시켜 보관하는 방법을 액화법이라고 하는데, 고압 상태에서 기체를 저장하는 때보다 더 어려운 기술이 필요하다.

좌_수소액화기
우_저장용기
〈출처: KIST〉

수소는 -259.14도℃에서 녹고 -252.87도℃에서 끓는다. 즉 액체
로 만든 수소는 녹아서, 끓는점 그 안에 있기 때문에 -259.14도℃
와서 -252.87도℃사이에서 존재한다. 이 온도는 이론상 생각할
수 있는 최저 온도인 -273.15도℃와 가깝다. 이를 절대영도라고
한다.

액체수소 저장용기는 모든 입자들의 운동이 완전히 멈춘 상
태와 가까운 온도를 만들어야 한다. 그러기 위해서 절대영도에
가장 근접한 상태인 극저온 상태를 유지해야 한다. 절대영도에
가까운 상태를 견딜 수 있으려면 고도의 복합기술을 활용한 열

차단 기술이 필요하다.

이러한 기술만 갖춰진다면 액체수소 저장 방식은 고압기체 저장 방식보다 우수하다. 우선 1기압, 즉 일상적인 기압에서 저장하기 때문에 안전하다. 압력이 높아지면 부피가 팽창할 우려가 있기 때문이다. 또 700기압의 고압가스 저장용기보다 1.75배 많이 저장할 수 있다.

안전하면서도 많은 양을 저장할 수 있다.

절대영도(절대온도)?

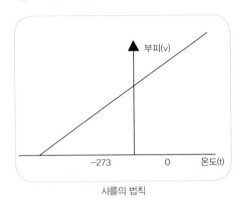

샤를의 법칙

'샤를의 법칙'으로 유명한 샤를은 수소가스 기구를 만들어 열기구로 장거리 여행을 가능하게 했다. 열기구의 원리는 간단하다. 공기를 채운 주머니에 강한 불꽃을 쏘아 올려 이때 생기는 공기의 뜨는 힘을 이용하여 하늘을 난다.

열기구를 다시 보자. 온도가 올라간 공기가 풍선에 모이게 되면 그 부피가 팽창하고, 하늘로 오르게 되면 주위의 찬 공기에 비해 밀도가 작아져 위로 떠오르는 것이다. 공기의 온도가 풍선의 부피에 영향을 주기 때문에 일어난 일이다.

샤를의 법칙은 이렇게 압력이 일정할 때 온도가 오르면 부피가 팽창한다는 것이다. 그런데 영하 273도$^{℃}$, 정확하게는 -273.16도$^{℃}$에서 기체의 부피가 0이 되는 상황을 만난다. 실험을 하고 싶지만 실험조차 할 수 없다. 왜냐면 이 온도에서는 기체가 액체로 변하기 때문이다.

과학자들은 가정법을 적용했다.

액체이지만 계속 기체로 존재한다고 가정하고, 부피가 없어지는 특별한 온도를 찾아냈고, 이러한 온도를 절대영도 또는 절대온도라고 불렀다. 부피가 0보다 작아진다는 것은 아예 존재하지 않는다는 뜻이기 때문에 절대영도보다 더 낮은 온도는 존재하지 않는다.

또 과학자들은 절대영도 상태에서는 분자의 움직임이 아예 없다는 것과 온도는 분자들의 속력과도 관련이 있다는 것을 발견했다. 온도가 높으면 분자는 빠르게 움직이고, 낮아지면 점점 느리게 움직인다.

그렇다면 반대로 속도를 완전히 정지시켜 절대영도를 만들 수도 있지 않을까? 하지만 물리학적으로 완전히 정지한 물체는 존재할 수 없다. 결국 절대영도는 만들어질 수 없다는 것이다.

가까이 갈 수는 있지만 절대영도에 도달할 수는 없다.

고체수소, '맞는' 금속을 선택해야

가역성
시간이 흐르는 동안 물체의 운동이 변화했을 때 시간을 거꾸로 되돌린다면 처음의 물체 상태로 되돌아갈 수 있는 성질을 말한다.

수소화(hydride)
유기화학에서 불포화 결합 (계속 증발되는 상태)에 수소분자가 첨가되는 과정.

붕소(B)
붕소가 들어있는 대표적 화합물은 붕사와 붕산이다. 붕사는 오래 전부터 도자기 유약의 재료로 사용되어 왔으며, 붕산은 눈 세정제로 우리와 친숙하다.

리튬(Li)
은백색 연질금속이지만 나트륨보다 단단하며 고체인 홑원소물질 중에서 가장 가볍다. 불꽃반응에서 빨간색을 나타낸다.

수소를 금속에 저장하는 방법도 있다. 이 방법은 일종의 고체 형태로 저장하는 것이다. 수소는 가역성 하이드라이드에 저장이 가능하다. 하이드라이드는 우리말로 수소화라는 뜻으로, 붕소^{B}이나 리튬^{Li}, 나트륨^{Na}을 사용해 저장한다.

붕소에 수소를 저장하면 보레인^{BH_3}이 된다. 보레인은 휘발성 수소화합물로 상온에서는 기체상태로 존재하며, 끓는점과 녹는점이 낮다.

리튬에 수소를 저장하면 수소화리튬^{LiH}이 된다. 수소화리튬은 무색 결정상태로, 끓는점과 녹는점이 높다. 물과 반응하면 수소가 만들어진다.

나트륨에 저장하면 수산화나트륨^{NaOH}이 된다. 수산화나트륨은 가성소다라고도 부른다. 지방을 분해시켜 비누를 만들 때 쓰인다. 무색 무취의 무른 고체로, 물에 잘 녹고, 많은 열을 발생한다. 수용액은 강한 알칼리성이며 금과 백금을 부식시키고 규산염을 녹인다.

금속에 수소를 저장하는 방식의 원리는 이러하다.

금속과 수소가 반응하면 금속이 수소가스를 흡수하게 되어 금속수소화물을 생성하게 되는데, 이것을 다시 가열하면 수소가 방출된다. 물론 금속에 따라 흡수량과 방출량이 달라 어떤 금속을 선택하는가가 중요한 문제다.

어렵지만 알아야 할 여러 가지 '단위'

화학물질을 다루다 보면 여러 가지 단위가 나온다.

가장 많이 쓰는 단위는 Nm³이다. '노멀 입방미터'라고 읽는다.

m³는 가로, 세로, 높이가 각각 1m인 사면체이다. 화학물질은 온도나 압력에 따라 무게가 달라진다. 사람들은 정상적인 상태, 즉 가장 평균적인 상태를 정의하고, 여기에 맞춰서 화학물질의 양을 비교한다. 이때 기준이 되는 상태가 1기압^{atm}, 0도$^\circ C$이다. 흔히 '누베'라고 일본식으로 부르기도 하는데, '노멀 입방미터'라고 불러야 한다.

기압^{atm}과 도$^\circ C$라는 단위는 어떻게 이해해야 할까?

도$^\circ C$는 온도를 나타내는 단위로 섭씨온도를 말한다. 온도를 나타내는 또 다른 단위로 화씨온도$^\circ F$가 있다. 1도$^\circ C$는 33.8도$^\circ F$이다. 공기의 무게를 이야기할 때는 기압^{atm}과 바^{bar}를 쓴다. 1바^{bar}는 0.986923기압이기 때문에 반올림해서 바^{bar}와 기압을 같은 걸로 취급하기도 하지만, 엄밀히 말하면 다른 뜻이다.

기압^{atm}이라는 표시는 대기라는 뜻의 영문 글자인 atmosphere에서 따왔다.

메가파스칼^{MPa}이라는 단위도 있다. 1메가파스칼^{MPa}는 9.869233기압이므로, 10바^{bar}인 셈이다.

그렇다면 에너지의 단위에는 어떤 것들이 있을까?

가장 많이 쓰이는 일의 단위인 주울^{J}이 있다.

과학에서의 일은 일상 생활에서의 일과는 다르다. 먼저 힘이 작용해야 하고 힘이 작용한 방향으로의 이동 거리가 있어야 하며 힘의 작용 방향과 물체의 이동 방향이 직각이 아닌 것이 일의 조건이다.

약 100g의 물체를 바닥에서 1m 높이로 들어 올릴 때 필요한 에너지를 1줄^J

이라고 표현한다.

열량의 단위로 kcal가 있다. 1kcal는 1기압에서 물 1로그램^{kg}을 1도$^℃$ 올리는 데 필요한 에너지의 양이다. 가령 온도가 15도$^℃$인 물 1kg을 20도$^℃$로 높이려면 5kcal의 열량이 필요하다.

일의 단위 줄^{J}과 열량 단위 kcal는 모두 에너지 양을 뜻하기 때문에 서로 변환이 가능하다. 1kcal는 4.19킬로줄^{kJ}이다. 1000줄^{J}이 1킬로줄^{kJ}이니, 1kcal는 419,000줄^{J}이다.

처음엔 어려워도 단위가 나왔을 때 '개념'을 생각하면, 어느 정도인지 짐작할 수 있다. 연습을 할때 '단위'를 인식하는 습관이 필요하다.

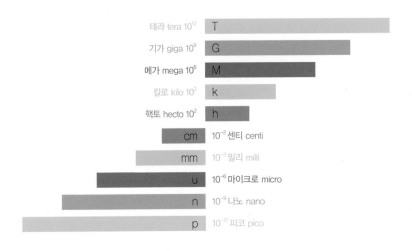

주유소를 대신할 수소스테이션

수소스테이션의 등장은 먼 미래에 일어날 일이 아니다. 2009년부터 상암동 월드컵 경기장에는 수소스테이션을 설치해 운영하고 있다. 수소스테이션을 운영하는 방법도 다양하다.

천연가스를 이용한 스테이션

가장 일반적인 방법은 천연가스 개질형이다. 우리나라는 일본 다음으로 천연가스를 가장 많이 수입하는 나라이며, 석유화학공업이 발달해서 액화석유가스^{LPG}가 풍부하다. 가스를 운송하는 배관도 전국적으로 설치되어 있기 때문에, 손쉽게 운반할 수 있다. 천연가스에서 뽑아낸 수소가 가격도 가장 싸다.

천연가스 개질 방식의 수소스테이션은 사실상 온실기체인 이산화탄소를 배출한다. 청정하게 수소를 얻는 수전해 방법이 필요한 이유다. 다만 수전해조 기술 자체가 소규모로 밖에 설치할 수 없는데, 설치할 때 여러개를 만들어야 하기 때문에 비용이 많이 든다. 전기 분해를 위해 들이는 전기의 양도 많이 필요해 비용이 비싼 것이 단점이다.

액화석유가스
LPG 또는 LPGas라고도 한다. 유전에서 석유와 함께 나오는 프로판(C_3H_8)과 부탄(C_4H_{10})을 주성분으로 한 가스를 상온에서 압축하여 액체로 만든 연료이다.

움직이는 수소스테이션

모바일형 수소스테이션은 수소저장 용기를 싣고 다니는 트럭을 이용해 수소를 사용한다. 즉 움직이는 수소충전소다. 구석구석 어디든 갈 수 있으며, 고압가스 용기 대신 액화수소 용기를 쓰면 더 많은 수소를 운송할 수 있다. 우리나라는 안전 사고가 우려된다며 모바일형 수소스테이션을 법적으로 금지하고 있다. 법과 제도조차 마련되어 있지 않은 것이다.

수소경제 선진국인 일본을 좀 더 살펴보자.

일본의 수소저장 기술은 우리보다 앞서 있다. 이미 우리보다 훨씬 높은 압력의 900바bar의 수소 저장 용기 상용화에 성공했다. 여러 개의 수소저장 용기를 묶어 컨테이너 트럭에 실을 수 있도록 설계했다. 수소저장 용기를 수송할 뿐만 아니라 그 자체가 움직이는 모바일 수소 스테이션으로써 기능도 한다.

일본은 대형 수소 수송용 선박도 제작해 이용한다. 일본의 가와사키 중공업은 용량을 더욱 늘린 차세대 수소 선박을 소개하기도 했다.

컨테이너
화물을 능률적이고 경제적으로 수송하기 위해 사용하는 상자형 용기.

가와사키 중공업
일본의 산업기계 및 항공기ㆍ철강구조물 생산회사. 메이지 시대의 조선소로 시작해, 타이쇼 시대 제1차 세계대전에 의한 조선 활황, 그리고 뒤이은 세계 대공황, 쇼와 시대의 제2차 세계대전, 전후의 고도 성장기와 일본의 근대사. 산업사와 함께 존속해 온 오래된 기업으로 전범기업 중 하나로 불림.

아이언맨 슈트의 비밀

아크 핵융합로에는 수소가 있다

　영화 아이언맨의 주인공 '토니 스타크'가 입은 아이언맨 슈트에는 아크 원자로가 있다. 아크 원자로는 슈트에 에너지를 공급한다. 이 원자로에 사용하는 원료는 팔라듐^{Pd}이다. 팔라듐^{Pd}은 니켈과 백금 광물에서도 얻을 수 있는 희유금속으로 수소를 저장하는 능력이 뛰어나다. 팔라듐은 아이언맨의 슈트에 설치된 핵융합로에 수소를 공급하는역할을 한다.

　아크 원자로가 수소를 사용하는 핵융합로이며, 거기 사용하는 팔라듐에 수소가 많이 있다면 엄청난 에너지가 나올 수 밖에 없다.

　수소는 팔라듐 표면에서 분자 상태에서 원자로 쪼개져 팔라듐에 흡수된다. 팔라듐이 수소를 흡수하는 능력은 자기 부피의 약 900배에 이를 정도로 엄청나다.

　팔라듐-수소 화합물을 가열하면 그 안에 흡수되어진 다량의 수소가 기체로 방출된다. 이러한 성질을 이용하면 팔라듐을 휴대용 수소 저장장치로 활용할 수 있을 것이다.

수소를 저장하고, 나를 때 고려해야 할 몇 가지

파이프라인
석유의 원유 혹은 제품, 천연 가스 등을 파이프 수송하기 위한 설비로, 육상은 물론 해저에서도 사용된다.

인치(inch)
길이의 단위, 1인치는 2.54cm

냉각장치
냉각 장치 물체의 온도를 낮추어 냉각이나 동결을 하는 장치를 말하며, 일반적으로 냉동 장치나 냉각 코일 등이 사용된다.

수전해 형태의 수소스테이션과 가스 개질 형태의 수소스테이션은 파이프라인을 사용한다. 모바일 수소스테이션은 수소저장 용기를 트럭에 싣고 다니기 때문에 다른 장치가 필요하지 않다. 파이프라인을 설치하는 비용을 생각하면 모바일 수소스테이션을 사용하는 것이 낫다. 반면 파이프라인의 수명이 트럭에 실릴 수소저장 용기의 수명보다 길다면 모바일형보다 수전해 형태와 가스개질 형태를 사용하는 것이 효율적이다. 참고로 파이프라인을 설치할 때는 20인치[inch], 즉 50.8cm의 굵기가 필요하다. 일 년에 드는 총 비용이 1억 4,780만원이라고 한다.

또 고려해야 할 것들이 있다.

모든 수소스테이션에서는 수소상태에 따라 필요한 장치가 달라진다. 수소는 높은 온도에서 고압으로 배출될 때 스스로 온도가 올라가는 성질이 있다. 『칠리 시스템』이라고 불리는 냉각 장치로 온도를 낮추어 주어야 한다. 단 영하 70도[℃] 상태의 액화수소는 고압으로 배출할 때 오히려 주변부에서 열을 흡수하여, 스스로 냉각시키기 때문에 별도의 냉각장치가 필요 없다. 고압수소 저장장치는 냉각장치라는 별도의 시설이 필요하기 때문에 비용이 더 들 수도 있다.

과학자의 '진심'을 정부가 받아들여야

수소경제 시대를 만들기 위해서는, 수소를 만들고 저장하고 운송하는 기술뿐 아니라 제도도 도입해야 한다.

일본과 미국 등은 수소경제를 실현하기 위해 기술개발과 법을 만드는데 한 발 앞서가고 있다. 우리 역시 수소의 중요성을 알고 있지만 미국과 일본에 비해서는 많이 뒤처져 있다. 과학자들은 마음이 급한데, 정부는 아직 느긋해 보인다.

2010년 12월, 국무총리 주재로 범정부차원에서 발표한『제10차 녹색성장위원회 보고대회』의 내용은 5년이 지난 지금 휴지가 되었다. 당시 정부는 2015년까지 국내에서 그린카를 120만 대 생산하고, 90만 대를 해외에 수출하겠다고 했다. 국내 자동차시장의 21%를 그린카로 만들겠다고도 했다. 수소충전기는 13년까지 18개, 15년까지 43개, 2020년까지 168개를 세우겠다고 발표했다. 그러나 2015년이 지나가는 지금, 우리나라에 설치된 상업

그린카
전기차 뿐만 아니라 플러그인하이브리드차, 하이브리드차, 연료전지차, 클린디젤차를 포괄하는 개념.

용 수소충전소는 단 한 개도 없다.

원자력발전에 더 이상 의존하지 않고, 새로운 수소경제에 눈을 돌려야 할 때다. 세계는 이미 경제성보다는 가치에 눈을 뜨고 있다. 하물며 밀양 송전탑을 둘러싼 갈등에서 보여지듯이 더 이상 송전탑도 싼 가격에 지을 수 있는 상황은 아니다. 분산발전과 친환경 시대를 위해서 우리가 변화해야 한다. 수소시대가 우리에게 다가올 날이 멀지 않았는데, 우리는 너무 뒤에 서있다. 다가올 수소시대, 그 때 우리는 어디쯤 서 있을까?

Part 2
클래식 신재생에너지,
도약하라

신재생에너지
첫번째 이야기

에너지의 기본

클래식 신재생에너지, 날개를 펴다!

　자연에서 얻고, 자연에 돌려주는 자원 순환이 가능한 에너지를 신재생에너지라고 한다. 미국의 세계적인 경제학자이자 문명 비평가인 제레미 리프킨은 『엔트로피』라는 개념으로, 재생에너지조차 에너지의 대안이 될 수 없다고 경고한다.

　제레미 리프킨에 따르면 우주의 에너지 총량은 일정하며, 유용한 에너지를 만들면서, 일부는 재생할 수 없는 에너지로 전환되는데, 그 쓸모없는 에너지가 계속 증가하고 있다. 제레미 리프킨은 이 쓸모없는 에너지를 『엔트로피』라고 말한다. 결국 엔트로피로 인해 우주 전체에 쓸 수 있는 에너지는 줄어들게 된다.

엔트로피
열역학에서, 물질의 상태를 나타내는 양의 한 가지.

일부에서는 이 학설을 비현실적이라고 말한다. 엔트로피를 만들지 않으려면, 사람은 생존을 위한 에너지 활동을 하지 말아야 하고, 산업화도 멈추어야 한다는 말이냐며 대안 없는 주장이라고 한다.

또 다른 일부에서는 제레미 리프킨의 엔트로피 법칙은 의미있는 학설이며, 인류와 지구 생존을 위해 에너지 소비를 줄여 나가야 한다고 경고한다.

에너지를 쓰지 않을 수는 없다. 사람은 에너지 없이 살아갈 수 없으며, 우리 사회는 유지될 수 없다. 굳이 엔트로피를 들지 않더라도 산업화 이후 에너지 사용이 급격하게 늘면서 인류의 삶은 편해졌지만 상상할 수 없는 큰 문제들도 발생하고 있다.

에너지를 사용하면서 지구의 엔트로피 총량을 줄이고, 에너지 사용으로 인한 지구 환경 파괴를 줄이기 위한 가장 좋은 방법은 '신재생 에너지의 사용'이다. 원자력 발전소를 지어서 쉽게 전기에너지를 얻는 방법도 있었지만, 원자력 발전은 1986년 우크라이나의 체르노빌 원전 사고, 2011년 후쿠시마 원전 사고를 보면, 너무도 위험한 에너지원임이 분명하다. 포함하고 있는 방사능 자체도 수 억 년, 수십 억 년 동안 위험성이 사라지지 않아, 자연과 사람의 건강에도 악영향을 미친다.

태양·바람·땅·바다에서 얻는 에너지

　신재생에너지는 태양광 · 태양열 · 풍력 · 지열 · 해양에너지 등 햇빛과 햇볕, 바람, 땅, 바다 등에서 얻는다.

　태양광과 태양열은 말 그대로 태양의 빛과 열을 이용해 에너지를 얻는 방법이다.

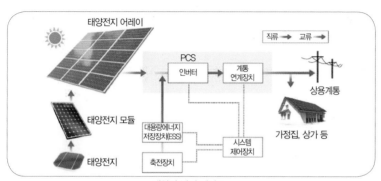

태양광 발전 개념도

　화성에서 고군분투하는 한 생물학자의 도전을 다룬 영화『마션』을 보면, 태양전지를 통해 에너지를 얻는다. 화성 역시 태양계에 속하기 때문에 태양빛을 통해 에너지를 얻을 수 있다. 태양전지를 이용해 태양빛을 직접 전기 에너지로 바꾼다.

　태양전지는 소재에 따라 실리콘 태양전지, 연료 감응형 태양전지, 페로브스카이트 태양전지 등으

태양전지
태양의 빛에너지를 전기에너지로 전환하는 장치. 증기 터빈이나 발전기 없이 직접 전기에너지를 얻을 수 있는 장점이 있다.

로 나뉜다. 가장 많이 사용하는 것은 실리콘 소재이지만, 설치 비용에 비해 발전되는 전기량이 작아 효율을 높이기 위한 소재 개발 등 다양한 연구 활동이 활발하게 진행되고 있다. 이런 관점에서 주목할 수 있는 태양전지가 페로브스카이트 태양전지다. 국내 연구진이 개발한 이 태양전지는 효율이 20%나 된다. 설치 비용은 낮은데 효율은 실리콘 태양전지와 비슷하다. 다만 아직은 아주 좁은 면적에서 효율을 내는 것을 실험하는 단계라서 가야 할 길은 멀다. 우리 연구진의 도전에 기대를 건다.

바다를 이용한 에너지를 해양 에너지라고 한다. 해양 에너지의 종류는 다음과 같다. 조력·조류 발전은 조류의 흐름을 이용한다. 파력 발전은 파도의 힘을 이용하고, 해수 온도차 발전은 바다의 깊은 곳과 낮은 곳에 있는 물의 온도차를 이용한다.

조력과 조류 발전의 공통점은 달과 태양의 인력 때문에 해수면이 주기적으로 높아졌다 낮아졌다를 반복하는 조류, 즉 밀물과 썰물에 의한 바닷물의 흐름을 이용한 발전이라는 점이다. 조력 발전과 조류 발전은 똑같이 조석 현상을 이용하지만 차이가 있다. 조력 발전은 조석간만의 차이가 생기는 하구에 둑을 설치하고 바닷물을 가두었다가 다시 배출할 때 생기는 힘을 이용해 발전하는 방식이다. 조류 발전은 조류의 흐름이 빠른

조석간만의 차이
밀물과 썰물의 차로, 태양과 달의 인력에 영향을 받음.

열에너지
열의 형태를 취한 에너지

곳에 발전터빈을 설치하고, 바닷물이 자연스럽게 흐르는 운동에너지를 이용해 전기를 생산한다. 조류 발전은 조력 발전과 달리 굳이 둑을 만들지 않아도 된다.

해양 에너지에는 파력 발전도 있다. 파력 발전은 파도가 위 아래로 움직이는 운동 에너지를 이용해 동력을 얻어 전기를 만들어 내는 방법이다. 바다에 장치를 띄우는 방식과 연안에 시설을 설치하는 방식이 있다.

이 장에서 소개할 해수 온도차 발전은 바닷물 겉과 바닷물 깊은 곳의 온도차를 이용한 발전 방법이다. 표층수의 열을 이용해

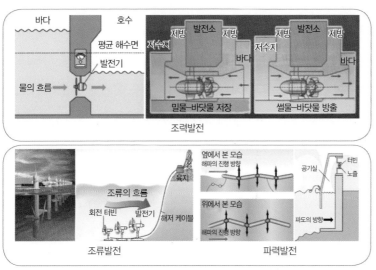

해양에너지의 종류

암모니아 등 액체를 기체로 만들고, 이 기체의 압력으로 발전 터빈을 돌려 전기를 생산한다. 심층수의 차가운 물을 이용해 기체를 다시 액체로 만든다. 표층수는 장시간 햇빛에 달궈져 온도가 높다. 표층수와 심층수의 차이가 섭씨 17도℃이상이 되면 해수 온도차 발전을 통해 전기를 생산할 수 있다. 심층수의 온도는 보통 4도℃이하이다.

화력 발전소, 원자력 발전소 등 발전소에서는 바다로 버려지는 뜨거운 물이 많다. 바다로 배출되는 뜨거운 물, 즉 온배수를 이용한 발전을 해양복합 온도차발전이라고 한다. 겨울철 등 표층수와 심층수의 온도 차이가 많이 나지 않을 경우 해수 온도차발전이 힘든데, 해양 복합 온도차발전은 온배수를 이용하기 때문에 여름 뿐 아니라 다른 계절에도 발전이 가능하다.

지열 에너지는 땅 속에 저장돼 있는 열을 이용해 만들어진 에너지를 말한다. 지열은 보통 두 가지 방식으로 이용한다. 먼저 직접이용하는 방식이다. 대표적으로 온천을 떠올리면 된다. 온천이나 아파트 등의 지역 난방 등이 여기에 해당된다. 간접 이용은 곧 지열발전을 말하는데, 지열에서 나오는 증기로 발전 터빈을 돌려 전기를 생산한다. 전자가 난방 에너지라면, 후자는 전기 에너지를 생산하는 방식이다. 지열 에너지를 얼마나 많이 확보하느냐의 문제는 땅 속 깊이 얼마나 뚫고 들어갈 수 있는가가 관건이다. 땅 속을 뚫는 시추 기술이 중요한 이유다.

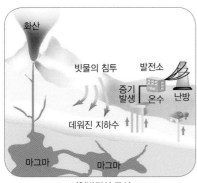

지열발전의 구성

송전
발전소에서 변전소까지 전기를 보내는 것

배전
발전소에서 보내 온 전기를 일반 가정이나 공장과 같이 필요한 곳에 나누어 주는 일. 보통 2차 변전소에서 전기를 쓰는 가정이나 공장까지 보내는 것을 배전이라고 함.

전력계통운영시스템^{EMS}
Energy Market System의 약자 에너지를 효율있게 쓰기 위해 실시간으로 감시와 제어를 수행하는 시스템. 전체 전력 공급 계통에 대해 정보 수집과 감시를 통해 시스템에 연계된 발전 설비의 운전을 최적으로 제어하며, 전력 계통에 대해 효율적인 관리를 함.

기술이 발전하면서 기존의 신재생에너지 외에도 다양한 미래 에너지원들이 등장하고 있다.

이미 앞에서도 살펴 본 수소를 이용한 미래 기술도 있으며, 탄소를 포집해 사용하는 기술도 있다. 에너지를 저장하고, 필요할 때 사용하는 방법도 있으며, 열 에너지를 전기 에너지로 전환하는 방식도 있다. 이들 기술과 고전적인 신재생에너지가 적절하게 어우러진다면 상승 효과를 낳을 것이다. 여기에 전기가 생산되고 저장되며, 이용되는 모든 과정 즉 발전과 송전, 배전, 소비의 모든 영역을 관리하는 시스템인 전력계통운영시스템^{EMS}의 도입으로 효과적인 생산과 소비를 할 수 있게 되었다.

'좋은 정치인'을 선택해야 하는 이유

　더 중요한 문제는 기술의 발전이 아니라 기술 발전을 돕고, 이 기술을 사용할 수 있는 정책을 도입하는 것이다. 이명박 정부는『녹색성장』을 최우선의 정책과제로 삼았다. 박근혜 정부는『에너지신기술 도입』이라는 과제를 집중 논의하고 있다. 그러나 성적은 좋지 않다. 신재생에너지 보급율이 2013년 기준으로 보면, OECD 34개 국 중 34 위다. 최하위로 3%를 조금 넘어섰을 뿐이다.

　세상은 과학자에 의해 발전하고 있다. 좋은 정치가 함께한다면 더 큰 발전을 이룰 수 있을 것이다. 좋은 정치인을 만들어야 할 이유다.

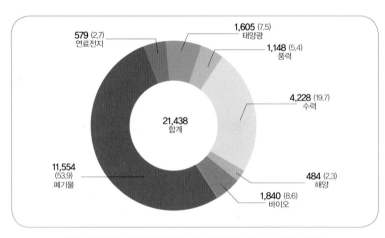

국내 신재생에너지 발전량(단위: GWh 괄호안은 비중 %, 2013년 기준)

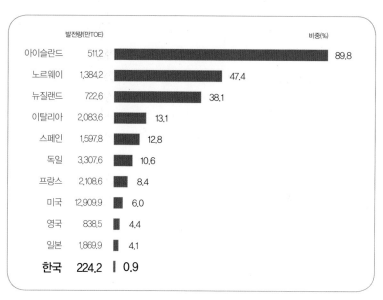

발전량(만TOE) 비중(%)

	발전량(만TOE)	비중(%)
아이슬란드	511.2	89.8
노르웨이	1,384.2	47.4
뉴질랜드	722.6	38.1
이탈리아	2,083.6	13.1
스페인	1,597.8	12.8
독일	3,307.6	10.6
프랑스	2,108.6	8.4
미국	12,909.9	6.0
영국	838.5	4.4
일본	1,869.9	4.1
한국	224.2	0.9

OECD 국가별 신재생에너지 현황(2012년 기준)

신재생에너지에 관심을 갖고, 신재생에너지 발전을 통해 원자력 발전 중심의 에너지의 틀을 바꾸어야 한다. 쉽고 빠른 방법 때문에 멀지 않은 시기, 우리 후손들이 오염된 지구에서 '인류의 종말'을 바라보게 될지도 모른다. 좋은 정치인이라면 당연히 신재생 에너지를 이용해 에너지를 만드는 일을 늘리기 위해 고민해야 한다. 에너지 영역에서 정치가 해야할 일이다.

신재생에너지
두번째 이야기

땅의 선물
지열

땅이 주는 뜨거운 선물, 지열발전

아름다운 섬 아름도는 오로지 신재생에너지만으로 전기를 생산해 사용한다. 기존에 디젤을 이용해 전기를 만들었지만 이제는 풍력과 태양광을 통해 전기를 만들고, 지열로 따뜻한 겨울을 나고 있다. 보통 풍력이나 태양에너지는 기후에 따라 발전하는 양이 다른데, 지열은 외부 날씨에 거의 영향을 받지 않아 안정적으로 사용할 수 있다. 눈이 내리고 비가 오고, 바람이 불지 않아도 봄·여름·가을·겨울 사계절 내내 사용할 수 있는 지열발전. 아름도 주민들에게는 땅이 주는 뜨거운 선물인 셈이다.

지열발전의 원리는 단순하다. 한쪽 편에서 물을 흘려 넣게 되면 다른 쪽에선 뜨거운 물과 증기가 나오게 된다. 사람들은 뜨거운 물로 겨울에는 난방을 하거나 목욕을 즐길 수 있으며, 여름에는 에어컨을 돌릴 수 있다. 또 증기를 이용해 터빈을 돌려 전기에너지로 바꿔 전등에 불을 밝힌다. 디젤발전기로 전력을 얻어온 아름도 주민에게는 이른바 에너지 천국이 열린 셈이다. 더구나 디젤발전기는 경유를 넣어야 하는데, 그간 육지에서 사와야 했다. 폭풍으로 배가 오가지 못할 때를 대비해 항구에는 섬의 크기에 걸맞지 않은 커다란 기름 탱크가 있었다.

디젤발전기를 돌릴 때 나오는 매연도 어민들에게는 불만이었다. 어민들은 아름도 특산물인 오징어를 말릴 때 매연 때문에 나쁜 영향이 미치지 않을까, 육지의 소비자들이 해롭다고 구매하지 않으면 어쩌지 하는 고민이 많았다.

지열 시스템 구성도 〈출처 에너지공단 신재생에너지센터〉

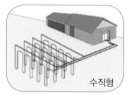

수직형 　수평형 　수평형

폐쇄형 지열원 열교환장치 〈출처: 신재생에너지센터〉

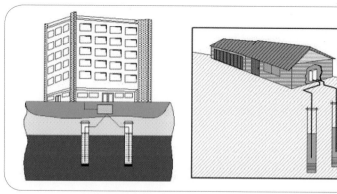

개방형 지열원 열교환장치 〈출처: 에너지공단 신재생에너지센터〉

지열은 그럴 걱정이 없다. 대량의 뜨거운 물을 끊임없이 공급하기 때문이다. 날씨에 따라 발전량이 달라지는 태양광, 풍력에 비해 효율도 높다. 순전히 아름도 지하 깊숙한 곳의 뜨거운 열을 이용하기 때문에 별도로 연료를 나르는 비용도 들지 않는다.

아름도 주민들은 지열 발전소를 '매연없는 든든한 효자'라고 부르며, 지열발전소를 오갈 때마다 행복하다.

화산 아닌 '지대'에서도 사용할 수 있는 지열 발전

지열 발전은 예전엔 온천보다 더 뜨거운 물인 고온 열수가 나오는 곳에서만 가능했다. 1904년 이탈리아 랄데렐로에서 고온 열수를 활용한 지열발전소가 처음 세워졌지만, 뉴질랜드와 아이슬란드, 이탈리아 외에는 지열발전은 널리 쓰이지 않았다. 고온 열수라는 것이 주로 단층대에서 많이 나기 때문이다. 우리나라는 단층대에서 비켜 있기 때문에 고온 열수를 이용한 지열발전은 남의 나라 일이었다.

하지만 기술 발전이 지형적 단점을 넘어서게 되었다. 인공지열 저류층 생성기술EGS 발전과 저온 지열 발전의 등장으로 지열을 이용한 에너지 생산이 가능해졌다. 지하수가 없거나 땅 속 온도가 낮아도 필요한 전력이나 열을 만들어 쓸 수 있게 된 것이다.

『인공지열 저류층 생성기술』은 열이 있는 땅 속에 인공적으로 물을 넣었다가 빼내어 높은 온도의 물을 만들고, 그 물의 열을 이용해 전기를 만든다. 『저온 지열발전』은 깊은 땅속에는 온천수처럼 항상 일정한 온도의 물이 흐르는데, 땅 속 물의 온도와 지표면의

열수
마그마가 식어서 각 성분을 추출분리한 뒤에 남는, 물이 증기가 되는 온도 이하의 뜨거운 액체 상태의 물질

단층대
크고 작은 단층이 빽빽하게 발달해 있는 지역.
지구 내부의 구조나 상태를 조사하기 위해 지각에 직접 구멍을 뚫는 일.

저류층
임의의 시각에 임의의 제한된 공간에 물이 존재하는 현상이 있는 지층.

온도 차이를 이용해 발전하는 방법이다. 이 발전은 깊은 땅 속까지 팔 수 있는 시추 기술이 중요하다. 두 가지 기술

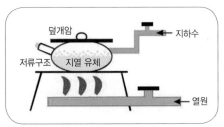

지열 발전의 원리

모두 온도가 낮아 활용하지 못했던 지열을 활용해 발전하기 때문에 각국으로부터 각광받고 있다.

2013년 말을 기준으로 할 때, 전 세계 지열발전소가 발전할 수 있는 용량은 12기가와트^{GW} 정도로, 원자력발전소 12기의 설비용량에 해당된다. 주로 일본, 인도네시아, 뉴질랜드, 아이슬란드, 북미 서부해안에 집중되어 있으며, 이들 지역은 대륙판이 서로 충돌하는 지점에 위치해 있어 지진이나 화산활동이 많다. 그러나 뜨거운 물이 많아 지열 발전이 가능하다는 장점도 갖고 있었다.

이제는 새로운 기술 덕분에 다른 지역에서도 지열발전을 할 수 있게 되었다.

지표
지구의 표면. 땅의 겉면.

시추
지하자원을 탐사하거나 지층의 구조나 상태를 조사하기 위하여 땅속으로 구멍을 뚫어 내부 물질을 직접 채취하는 방법. 오늘날에는 석유나 광석, 지하수, 온천 등을 채취하는 방법으로 쓰이고 있다.

GW
전력량의 단위로 '기가와트'라고 읽음. 원자력발전소 1기 용량이 1GW정도임. 1GW로는 100W백열전등을 천 만개 밝힐 수 있음. 일반적으로 한 가정의 한달 전기 사용량을 3KW라고 볼 때, 27,777년을 사용할 수 있음. 1GW는 1000MW이며, 1MW는 1000KW, 1KW는 1000W다.

대륙이동설과 단층대

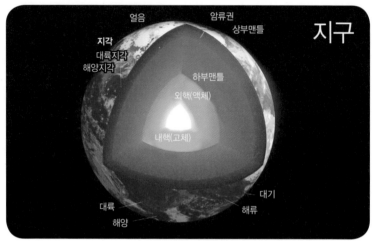

지구의 내부구조 〈출처: 위키디피아〉

대륙이동설은 1912년 독일의 베게너가 제안한 학설이다.

지구상 대륙이 고생대 말, 중생대 중기에 두 차례 대륙이 분리되고 이동하여 현재와 같은 대륙과 해양의 형태가 이루어졌다는 학설이다. 이 학설이 가능한 이유는 우리가 발 딛고 선 지구가 움직이고 변할 수 있는 형태를 지녔기 때문이다.

우리는 딛고 선 땅이 단단해서 지구가 고체라고 생각한다. 그러나 지구는 고체로만 이루어진 것이 아니라 고체와 액체가 골고루 섞여 있다.

더 자세히 보면, 지구는 지각과 맨틀, 외핵과 내핵으로 이루어져 있다. 먼저 지각은 우리가 딛고 선 땅으로, 대륙지각과 해양지각으로 나뉜다. 이 지각은 단단한 고체로 암석 등의 광물자원이 여기 매장되어 있다.

그리고 맨틀 역시 고체로 지표 부피의 70% 정도를 차지하는데, 휘석, 철을 함유한 광물로 이루어져 있다. 그런데 맨틀은 고체인데도 대류현상이 있어, 맨틀을 구성하는 물질들이 위 아래로 오르락내리락 한다. 고체이지만 유동성을 지닌 고체인 셈이다

맨틀 아래엔 외핵과 내핵이 있다.

외핵은 철과 마그네슘의 규산염 광물, 철, 황, 수소로 이루어져 있으며, 내핵은 외핵, 철, 니켈로 이루어져 있다.

지각과 내핵은 고체이지만 맨틀의 외핵은 부드러운 액체 상태이다. 지각과 맨틀 사이엔 연약권과 암석권이 있다. 연약권은 맨틀 상부에 있는 뜨겁고 약한 지형이다. 반면 암석권은 지각 바로 아래 위치한 딱딱한 외층이다. 과학자들은 딱딱한 지각이 연약권 위를 둥둥 떠다닌다고 생각한다. 지각을 구성하는 판이 서로 충돌해 산맥을 형성하거나 벌어져 단층대를 만드는 이유가 이 때문이다.

지열 발전은 거대한 지구의 움직임이 만들어낸 선물이다. 그리고 인간은 여기서 '큰 이익'을 취하고 있다.

지열은 기저부하로 활용이 가능

지열은 보통 원자력발전, 화력발전 등과 함께 기저부하로 활용된다. 기저부하는 전력공급에 꼭 필요한 발전시설로, 일정 규모의 전기를 끊기지 않고 공급하는 규모의 발전시스템을 말한다.

지열은 날씨 영향이 많아 발전량에 변덕이 많은 태양광이나 풍력과는 달리 기저부하로 활용되는 재생에너지다. 지열발전이 개발되면 별도의 연료비용이 필요 없이 자연으로부터 무한한 에너지를 계속 공급받을 수 있기 때문에 전기를 안정적으로

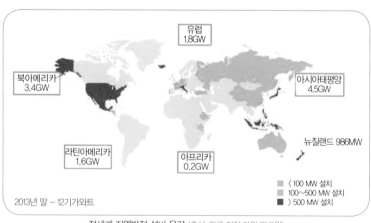

전세계 지열발전 설비 용량 〈출처: 한국 지질 자원 연구원〉

쓸 수 있다. 또한 기존 기저부하 발전으로 쓰여진 원자력발전이나 화력발전을 대체할 수 있다. 위험한 원자력, 탄소배출이 많은 화력, 이에 비하면 지열은 청정하면서도 기저부하를 책임질 수 있는 중요한 에너지원이다.

'지하수'와 '온천', '고온 온천'은 서로 달라요

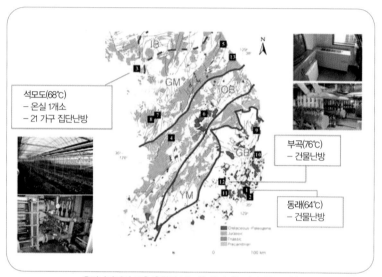

우리나라에서 고온 온천이 나는 곳 〈출처: 한국지질자원연구원〉

땅 위에 강과 호수가 있듯 땅 속에도 물줄기와 지하수가 있다.

지하수의 온도는 지표의 연평균 온도보다 1~4도$^{℃}$ 정도 높다. 하지만 온천은 지표 온도와 상관없이 20~25도$^{℃}$의 온도를 일정하게 유지한다.

나라마다 '온천'의 정의가 다르다. 우리나라, 일본, 남아프리카공화국은 온도가 25도$^{℃}$ 이상이거나 광물질을 함유한 물을 말하고 영국, 독일, 프랑스, 이탈리아는 20도$^{℃}$ 이상, 미국에선 21.1도$^{℃}$ 이상의 온도를 가진 물을 말한다.

땅 속의 물이 이 정도 온도를 가지려면 뜨거운 용암에 노출돼야 한다. 그래서 온천은 대륙판이 서로 부딪치는 단층대에서 많이 나타난다.

땅을 1km 팔 때마다 온도가 25도$^\mathrm{℃}$ 높아져 지표 밑 수십 킬로미터 아래의 암석은 액체 상태로 존재한다. 이 액체 상태의 암석을 마그마라 한다. 마그마는 지표가 약한 지역을 뚫고 나온다. 지표로 튀어 나온 마그마를 용암이라고 부른다.

마그마는 고온 고압 상태로 지하에서 지하수 물줄기나 호수를 만난다. 뜨거워진 물은 압력이 커져 약한 지반을 뚫고 밖으로 나오고, 우리는 이를 온천이라고도 부른다.

온천 중엔 특히 온도가 높은 것들도 있다. 특히 45도$^\mathrm{℃}$ 이상 되는 것들을 '고온 온천'이라고 하는데 우리나라의 경우 석모도에서 68도$^\mathrm{℃}$ 이상의 고온 온천이 나오고, 부곡에선 76도$^\mathrm{℃}$, 동래에서 64도$^\mathrm{℃}$의 고온 온천이 나온다.

인공 지열 저류층 생성기술^{EGS} 발전

우린 종종 뜨겁
게 달궈진 돌판 위
에 고기를 구워 먹
는다. 돌판은 한번
불에 달구면 열을
오랫동안 품게 되
어 고기가 천천히
그리고 깊은 곳까

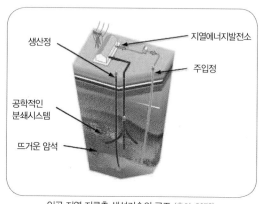

인공 지열 저류층 생성기술의 구조 〈출처: C2ES〉

지 고루 익는다. 달군 돌판을 식히기 위해 물을 부으면 금세 새하얀 수증기가 일어난다. 뜨거운 돌판 위에서 물이 열을 받아 순식간에 기체로 변하기 때문이다.

땅 속에도 이런 돌판이 있다. 다른 점이 있다면 땅 속의 열로 달궈졌다는 점이다. 돌판을 식힐 수 있는 지하수도 없어 열을 품고만 있다.

과학자들은 여기에 구멍을 뚫어 물을 집어넣은 후 꺼내면, 발전이 가능한 뜨거운 물을 얻을 수 있다고 생각했다. 이를 현실로 옮긴 것이 인공지열 저류층 생성기술 발전이다.

국제에너지 기구(IEA)
석유공급 위기에 대응하기 위해 각종 에너지 자원 정보를 분석 및 연구하는, 경제협력개발기구(OECD) 산하 단체. 신재생에너지 개발, 합리적인 에너지 정책 등을 촉구하기 위해 세계 에너지 사용 추세, 미래 에너지 대책 등과 관련된 사회적 문제를 분석하고 이를 각종 보고서 형태로 발간. 우리나라는 2001년 가입.

국제에너지기구^{IEA}는 인공지열 저류층 생성기술을 '상업적으로 가치가 있는 지열에너지를 개발하기 위해 인공적으로 저류층을 증가시키는 모든 기술'로 정의했다.

비유로 든 돌판을 과학적으로 풀이하면, 돌판을 달구는 숯불은 땅 속의 마그마이며, 돌판은 저류층, 돌판을 식히기 위해 부은 물은 관을 뚫어 인공적으로 주입한 지하수인 셈이다.

시추
지하자원을 탐사하거나 지층의 구조나 상태를 조사하기 위하여 땅속으로 구멍을 뚫어 내부 물질을 직접 채취하는 방법. 오늘날에는 석유나 광석, 지하수, 온천 등을 채취하는 방법으로 쓰이고 있다.

실현 위해 필요한 기술 많아

원리는 간단하지만 실현하기 위해선 많은 기술이 필요하다. 일단 땅 속의 상태를 모르기 때문에 뜨거운 열원을 찾을 수 있는 능력이 필요하다. 열원을 찾아도 땅 속 구조를 모르기 때문에 이를 알아내는 기술도 필요하다. 또 열원이 보통 3~5km 아래에 있기 때문에 그 곳까지 구멍을 뚫는 시추기술도 필요하다. 구멍을 뚫은 후엔 그곳의 실제 온도를 측정하는 장비도 필요하며, 집어넣은 물을 다시 회수하는 펌프 기술도 필요하다.

인류가 석유를 개발하며 깊은 바다의 시추 기술 등을 개발해 둔 덕분에 상당 부분 기술적 어려움은 해소되었다. 그러나 여전

프랑스와 독일 사이의 라인지구대

히 기술적인 난이도가 높다. 이 기술은 특히 우리나라와 같이 비화산 지대에서도 지열발전을 가능하게 만드는 기술로 환영받고 있다. 땅속 깊은 곳까지 굴착하는 기술이 개발됐기 때문이다.

세계 각국은 2000년대 중반부터 막대한 연구비를 투여해 현재 상용화 프로젝트를 가동하는 단계까지 인공 지열 저류층 생성기술을 발전시켰다. 해외에선 이미 인공 지열 저류층 생성기술을 이용한 지열발전소가 들어서 있다. 독일의 란다우, 프랑스의 술트의 지열발전소가 대표적이다. 란다우와 술트는 독일과 프랑스에 걸쳐 있는 라인지구대에 위치해 있다. 지질학적으론 같은 지대에 있기 때문에 같은 방식의 지열발전기를 설치할 라인지구대는 4천 500만년 전부터 활동하기 시작한 비교적 젊은 단층대다. 독일의 란다우 프로젝트는 2004년에 시작했으며 지열수의 온도는 155도℃이며 발전용량은 2.9메가와트^{MW}이다. 프랑스의 술트 프로젝트는 이보다는 작은 1.5메가와트^{MW}급이다.

라인지구대
라인 강 중류, 프랑스와 독일에 걸쳐 있는 지구대. 남유럽과 북유럽을 잇는 중요한 교통로.

물이 충분히 뜨겁지 않다면?
바이너리 저온 지열 발전!

지하에 꼭 마그마가 있어야만 지열발전을 할 수 있는 건 아니다. 1km 파내려 갈수록 온도가 25도℃ 상승하기 때문에 이를 이용해 지열발전을 할 수 있다. 보통 90~150도℃인 저온의 지하수로부터 발전하는 방식이다.

바이너리binary 저온 지열발전은 저온 지열발전의 대표주자다. 지열의 온도가 상대적으로 낮기 때문에 물만으로 증기가 만들어지지 않아 낮은 온도에서도 증발할 수 있는 다른 물질을 사용한다.

물 대신 쓰는 물질은 프로판C_3H_8, 암모니아NH_3, 펜탄C_5H_{10}이다. 이들은 저온에서도 쉽게 증기로 변하기 때문에 전기를 생산하는 증기 터빈을 돌릴 수 있다. 프로판은 −42도℃에서, 암모니아는 −33도℃, 펜탄은 36도℃에서 기화한다.

터빈을 돌린 증기는 냉각기를 통해 다시 식혀져 액체 상태로 변하며 저온수가 고여 있는 곳으로 돌아간다. 저온수를 만나면 다시 증발해 터빈으로 돌려진다.

바이너리 저온 지열발전소는 알라스카에 설치돼 있다.

우리나라의 지열발전 도전

우리나라도 지열발전에 도전하고 있다. 실제로 포항에 1메가와트^{MW}급 지열발전 시범사업을 진행하고 있다.

『포항지열발전 프로젝트』로 불리는 이 사업은 2010년부터 시작됐다. 2015년 마무리된 1단계 사업에선 지하 3km를 시추해 온도가 100도℃ 가량인 사실을 확인했다.

2단계 사업에서는 시추공을 4.5km까지 연장해 1메가와트^{MW}급 저온 지열발전시설을 설치하는 것이 목표다.

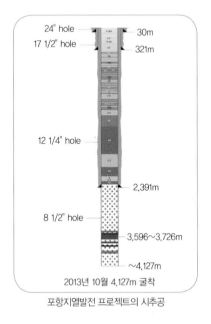

포항지열발전 프로젝트의 시추공

그런데 왜 포항일까? 포항 지역은 한반도의 다른 지역과 달리 지형이 신생대에 생겨났다. 그만큼 젊기 때문에 지하에 마그마와 닿은 지하수층이나 지층이 있을 것으로 추정된다. 우리나라의 다른 지역에서는 지하 1km 아래로 내려가면 25도℃가 올라가지만, 포

시추공
유용한 광물 또는 암석이 지표나 지각 안에 모여져 있는 곳이나 지질 조사의 탐사를 위해 뚫은 구멍.

항에서는 35도℃가 올라간다. 『포항지열발전 시범
사업』이 마그마를 만나면 더없이 좋지만 4.5km 시
추만으로도 충분히 지열발전이 가능하다.

한국지질자원연구원
미래창조과학부 산하기관
으로, 대전에 있다. 지질자
원 등의 연구를 통해 지구
환경 보전을 목적으로 하고
있다.

한국지질자원연구원은 우리나라 인공지열 저류
층 생성 지열 발전의 잠재량을 이론적으로 6,795
메가와트ᴹᵂ라고 계산했다. 우리나라 총 발전량의 92배에 이르
는 큰 규모다. 이 수치는 국제 공인된 방식이다. 지표 온도에 80
도℃를 더해 얻어진 수치만이 적용됐으며 가동할 수 있는 기간
도 30년에 해당되는 것만 계산했다.

기술적으로 개발이 가능한 발전량은 19.6메가와트ᴹᵂ다.
6.5km 시추 능력 확보를 전제로 열 회수율과 온도 강하를 고려
했다. 땅 속에서 데워진 물이라도 땅 표면으로 나오는 과정에서
식을 수 있기 때문이다.

지구의 시간을 지질학적으로 나누기

46억 년이라는 지구 역사를 지질학적 시간으로 나누게 되면, 네 가지 단위가 있다.

「eon」, 「era」, 「period」, 「epoch」으로, 이들을 우리 말로 해석하면 각각 대代, 대代, 기紀, 세世이다.

먼저 크게 네 개의 eon으로 나뉘는데 하데스대(은생대, 46억 년 전~38억 년 전), 시생대(38억 년 전~25억 년 전), 원생대(25억 년 전~5억 4200만 년 전), 현생대(5억 4200만 년 전~)가 여기 속한다. 이 중 현생대를 다시 3개의 era로 나누면, 고생대와 중생대, 신생대가 된다.

고생대는 6억 년~2억 2천 5백만 년의 기간이다. 해양 무척추동물, 어류, 양서류가 출현해 번성하고, 이때 우랄 산맥 등이 형성된다. 대기 중 산소의 양이 증가하고, 그 일부가 빛으로 분해되어 오존층을 형성하면서 자외선을 막아 주게 되고 육지에도 생명체가 살 수 있게 되었다.

중생대는 고생대와 신생대의 중간에 위치하며, 약

신생대 65 ~ 현재

시대   기간

단위 : 100만 년 전

제4기 2~ 현재

제3기 65 ~ 2

중생대 225 ~ 65

백악기 136 ~ 65

쥐라기 193 ~ 136

고생대 600 ~ 225

트라이아스기 225 ~ 193
페름기 280 ~ 225
석탄기 345 ~ 280
데본기 395 ~ 345
실루리아기 440 ~ 395
오르도비스기 500 ~ 440
캄브리아기 600 ~ 500

2억 4천 년에서 6억 5백만 년이 여기 해당된다. 파충류가 출현하여 번성한 시기로 유명한 쥐라기가 여기 해당된다. 대기 중 산소 양은 현재의 80% 정도로, 현재보다 고온이면서 다소 건조한 환경이었다. 이 시기의 대표적 생물인 공룡은 쥐라기에 출현하여 그 다음 시기인 백악기에 가장 번성하였으나 백악기 말에 갑자기 멸종하였다. 이 때 다양한 지각변동이 일어나면서, 알프스와 로키 산맥이 생성되기 시작한다.

신생대는 약 6천 5백만 년 전부터 현재까지를 말한다. 이 기간에 지구는 현재의 모습을 갖춘 것으로 추측되고 있으며, 안데스 산맥, 알프스 산맥, 카프카스 산맥, 히말라야 산맥과 같은 거대한 산맥을 만들었다. 이 때 대부분의 현재 화산지역이 생겨났다.

히트 펌프를 바이너리 지열 발전에 이용한다면

열의 온도를 올리는 방법은 여러 가지가 있다. 히트 펌프는 20~30도℃ 정도의 온도를 100도℃ 전후로 올리는 기술이다. 양수 발전이 물을 아래에서 위로 올리듯 열Heat을 낮은 온도에서 높은 온도로 높인다는 의미로 '펌프'라는 이름이 붙여졌다.

히트 펌프는 바깥 공기에 있는 열을 흡수해 열을 올리는 방법이다. 버려지는 공기 중에 있는 열을 이용하기 때문에 최근 히트 펌프를 신재생 에너지로 등록하자는 움직임도 있다.

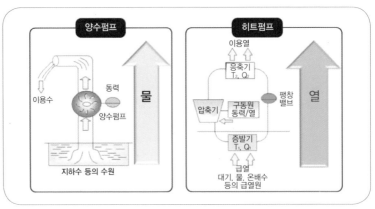

히트펌프의 원리

사실 히트 펌프는 이미 국제적으로 기후변화에 대응하는데 좋은 기술이다. 국제에너지기구IEA는 1978년부터『히트 펌프 프로그램」을 마련해 국제공동연구를 진행하고 있다. 유럽 국가들이 주도하고 있으며 현재 16개국이 참여하고 있다. 우리나라는 2008년에 공식적으로 참여하기 시작했다.

히트 펌프는 전기를 투입하면 주변 에너지를 이용해 투입한 전기량의 3배 정도 되는 열을 내놓는다. 이를 이용하면 온실기체를 배출하는 열병합 발전소, 산업용 폐열 활용장치들을 모두 대체해 온실기체를 8%까지 줄일 수 있다. 특히 우리나라는 산업 부문이 전체 온실기체 배출량의 62%를 차지하고 있어, 활용 가치가 높다.

만약 히트 펌프를 바이너리 저온지열 발전에 이용한다면 20~30도℃의 온수만으로도 발전이 가능해 진다. 이렇게 되면 지열발전을 할 수 있는 공간도 늘어날 것이다.

깊은 곳의 지열발전 성공은 『시추기술』에 달려 있어

지열발전이 성공하기 위해선 필요한 한 가지 전제 조건이 있다. 바로 땅 속 깊은 곳까지 파고 들어갈 수 있는 시추 기술이다.

시추 기술은 지열발전소를 세우는데 꼭 필요한 기술이다. 특

히 3~7km 지하를 시추하는 인공지열 저류층 생성기술 지열발

전소 건설에서는 전체 건설비용의 절반 가량이 시추 기술이다.

2015년 5km 채굴에 1,000만 달러, 즉 우리돈으로 120억 원이 소

요되는 것으로 알려져 있다. 미국·호주·유럽 등 각국이 인공

지열 저류층 생성기술을 이용한 지열발전소를 짓기 위해 더 깊이

들어갈 수 있는 시추기술을 확보하는데 노력하고 있다. 현재 알

려진 가장 깊은 시추 기록은 옛 소련이 뚫은 코라 심부시추공으

로 약 12km 깊이로 알려져 있다.

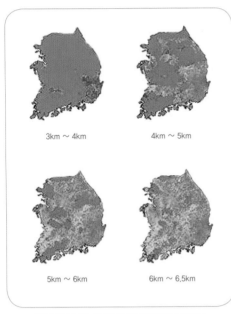

기술적으로 가능한 우리나라 지열발전 사업규모
〈출처: 한국지질자원연구원〉

깊은 곳을 뚫는 심
부 시추 기술은 여러
가지 어려움이 있다.
시추는 드릴로 구멍
을 뚫고 구멍 양 편엔
흙이 흘러들지 않도
록 파이프를 박는다.
파이프로 분쇄한 흙
을 빨아 올리거나 물
을 내려 보낸다. 또
그 안에 무엇이 있는
지 알아보기 위해 활용

하는 시추공 카메라로 부르는 감시 카메라를 내려
보내는 통로 역할도 한다. 이 때 지질 테스트를 하
기 위한 장비인 시추공 물리검증장비를 내려보내
기도 한다.

그런데 이 과정에서 파이프가 휘어지기도 하고
부식하기도 한다. 드릴이 고장나는 건 다반사다.
최근엔 드릴 대신 워터해머를 쓰기도 한다. 워터
해머는 파이프를 통해 고압의 물을 분사해 지층
의 흙과 바위를 깬다. 기존 드릴 공법이 비트를 좌
우로 회전시켜 흙과 바위에 압력을 가하기 때문에
비트가 닳아 못쓰게 되는 일이 많은 반면 워터해
머는 상하로 운동하는 비트에 물을 고압으로 분사
시키기 때문에 비트를 교체하는 횟수가 낮다. 시간과 비용을 아
낄 수 있는 것이다.

우리나라에선 한국생산기술연구원 국제지열연구센터에서
워터해머를 개발했으며 광주에서 실증 연구하고 있다.

비트(bit)
구멍을 뚫는 공구로 드릴의
일종이다.

워터해머
해머는 망치와 비슷한 도구
를 말한다. 워터해머란 물
을 이용하여 망치와 같은
역할을 하는 도구이다. 물
등의 움직임을 갑자기 멈추
게 하거나 방향을 바뀌게
할 때 순간적인 압력이 발
생하는 현상을 일으킨다.

한국생산기술연구원
1989년 설립된 공공기관으
로, 기술연구시설이 부족한
중소기업기술연구를 지원
하기 위해 만들어진 기관.
산업자원통상자원부의 관
리감독을 받는다.

일본은 「치큐호」 3천m 시추 성공

인간의 호기심이 땅 속 깊은 곳까지 닿고 있다. 더 많은 석유를 확보하려는 경제적인 이유도 있지만 깊은 지각 아래서 무슨 일이 일어나는지 궁금한 호기심에 과학자들은 연구를 거듭하고 있다.

이웃 나라 일본도 땅 속에 관심이 많다. 특히 과학탐사선 '치큐'를 만들어 탐

일본의 과학탐사선 치큐호.
배 중앙의 파란 구조물이 시추 장비다.
2014년 1월에 해저 3000m까지 파내려가는 성과를 올렸다.
〈출처: JAMSTEC〉

사에 나섰다. 치큐는 우리말로 『지구』라는 뜻이다. 치큐호는 2014년 1월 해저 3000m 아래까지 시추했다고 보고했다. 이제 7천m에 도전할 예정이다.

지각의 두께가 대륙은 40km, 해저 8km인 만큼 맨틀에 이르렀다고 할 수 없지만 지구에서 가장 깊은 곳까지 다다른 것은 사실이다.

치큐호는 5만 7,000톤급 세계 최대의 굴착 탐사선이다. 수면에서 1만m 아래를 시추할 수 있는 장비 등 각종 실험장비도 갖춰 '떠다니는 해양실험실'이라고도 불린다. 과학자들도 치큐호를 통해 더 많은 도전을 하고 있으며 조만간 기존의 신기록을 뛰어넘게 될 것으로 전망된다.

신재생에너지
세번째 이야기

바다 온도의
비밀

바다가 품은 '온도'를 이용한다
해수 온도차 발전

디젤을 이용해 전기를 생산하는 '외딴 섬'이 있다. 디젤 엔진에는
주로 석유의 한 종류인 경유가 쓰인다. 섬은 도시와는 달랐다. 도시
는 멀리 떨어져 있는 원자력발전소에서 만든 전기를 사용하고, 집
까지 연결된 도시가스 배관망으로 공급된 가스를 이용해 난방을
할 수 있었다. 그러나 육지에서 외딴 섬까지 전기를 공급할 송전선
로도, 가스를 공급할 가스배관망도 만들 수 없었다. 섬에서는 디젤
엔진을 이용해 전기를 사용하고, 석유를 사용해 겨울을 보내야 했
다. 디젤 엔진에서 나오던 검은 연기는 섬을 흘러 다녔고, 많은 이
산화탄소가 집 인근에 배출되었다. 깨끗한 섬은 오염되고 있었다.

외딴 섬에 사는 주민들은 신재생에너지를 이용해 섬 주민 스스로 전기를 만들기로 결정했다. 태양광발전기를 설치하고, 지열 발전을 꾀했다. 바람의 세기가 일정하지 않아 풍력 발전은 보류했다. 단, 섬에서 활용하기 좋은 새로운 발전 방식을 선택했다.

주민들은 바다 표면의 온도와 바다 깊은 물의 온도 차이로 전기를 만드는 해수온도차 발전 방식을 들여오기로 했다. 발전을 통해 바다 밑에서 끌어 올린 심층수는 식수로도 활용되었고, 농작물도 무럭무럭 키워냈다.

해수 온도차 발전을 통해 깨끗한 에너지 문명이 도입되었다.

현재 세계는 '해수 온도차 발전' 중

30킬로와트(kW)급
한 가정이 일년간 사용하는 전기량이 3kw로, 열 가정이 일년에 사용하는 정도의 전기량.

**1차 석유파동
(Oil Shock)**
1973년 아랍석유수출국기구(OAPEC)와 석유수출국기구(OPEC)의 원유를 세 배 이상 인상하고, 원유 생산의 제한하면서 세계 각국에서 야기된 경제적인 혼란.

해수 온도차 발전은 1881년 프랑스에서 처음 시작되었다. 프랑스에서 30킬로와트^{kW}급 설비를 만들었지만 석유 가격이 낮아지면서 해수 온도차 발전에 대한 관심은 한동안 사라졌다. 1973년 1차 석유파동이 있었다. 이후 미국과 일본이 해수 온도차 발전에 본격적으로 다시 뛰어들었다.

미국은 1979년 「하와이 천연에너지연구소」에서 50 킬로와트^{kW}의 해수 온도차 발전 시험에 착수했고, 5 년 후 해수를 직접 활용하는 발전 시스템을 개발하여, 1993년 하와이에 210킬로와트^{kW}의 시설을 설치했다.

일본은 1974년 해수 온도차 기술 개발을 추진하여 1982년 도쿠시마, 1985년 이마리 등에 실증 발전소를 설치하고, 1981년에는 국제협력사업으로 남태평양 나우루 섬에 100킬로와트^{kW}급의 시범 발전소를 건립하여 초등학교에 전기를 공급하였다. 1990년 중후반에는 오키나와에서 연속 운전에 성공하기도 했다.

2013년은 해수온도차 발전이 봇물같이 쏟아진 해였다. 일본과 프랑스, 우리나라가 일정한 전력을 생산하는 해수 온도차 발전을 실현했다. 우리는 미국·일본·프랑스에 이어 해수 온도차 발전을 도입한 네 번째 나라가 되었다.

메가와트(MW)급
전력의 단위. 1메가와트는 1와트의 100만배.

파일럿 플랜트
대규모 공장생산플랜트 건설애 착수하기 전에 공정, 설계, 조작까지의 자료를 얻기 위하여 먼저 만드는 소규모의 시험설비.

상용화 신호탄은 이미 쏘아졌다

미국의 세계 최고 항공기제조사인 『록히드 마틴』 등은 해수 온도차 발전을 위해 협약을 맺었다. 일본은 오키나와에 1메가와트^{MW}급 파일럿 플랜트를 짓겠다고 나섰으며, 프랑스는 10메가와트^{MW}급 발전소를 만들겠다는 계획을 발표했다. 유럽연합^{EU}은 한 기업에 1,000억원을 지원해 2017년까지 16 메가와트^{MW}급 해수 온도차 발전소를 설치할 계획이다.

해수 온도차 발전에 관심을 갖는 나라는 선진국만이 아니다. 남태평양의 키리바시·나우루·피지 등 섬나라에서도 큰 관심을 갖고 있다. 이들 국가는 1메가와트^{MW}급 실증 플랜트를 설치할 수 있도록 토지를 제공하겠다고 제안하고 있다. 실험이 끝나면 발전시설을 무상으로 제공받아 섬나라에서 필요한 에너지원을 얻겠다는 계획이다.

표층수와 심층수가 서로 열을 교환하는 기술

바다에는 깊이에 따라 네 가지 이름을 가진 물이 있다. 바다 표면으로부터 100m까지의 물을 표층수라고 부르며, 100m에서 200m사이의 바닷물을 중층수, 200m에서 4km사이를 심층수라 부른다. 여기까지는 햇빛이 도달하는 물이지만 저층수는 태양광을 받지 못하는 물로, 4km 이하의 해저수를 말한다.

해수 온도차 발전은 표층수와 심층수의 온도차를 이용한다. 한낮 뜨거운 햇빛을 받아 뜨거워진 바닷물 표층수와 깊은 바다 아래에 있는 심층수의 온도차를 이용해 전기를 만든다. 햇빛에 의해 데워진 표층수는 바다 아래로 열에너지를 전달하는데, 100m 이하로 내려가면 온도가 급격히 낮아져, 1,000m 이하에서는 4~6도℃ 정도로 일정하게 된다. 태평양과 인도양의 적도 부근 표층수와 수심 1,000m의 연 평균 온도차는 약 20도℃ 다. 보통 온도차는 17도℃ 정도가 되면, 해수 온도차 발전이 가능하다. 여름철 우리나라는 그 온도 차이가 20도℃ 이상이 되기 때문에 해수 온도차를 이용해 에너지를 얻을 수 있다.

태평양
세계에서 가장 큰 대양. 북극권의 베링해부터 남극 대륙의 로스해까지 뻗어 있으며, 인도네시아부터 콜롬비아까지 동서로 뻗어 있다.

인도양
세계에서 3번째로 큰 바다. 북쪽은 인도 아대륙과 아라비아 반도, 서쪽은 동아프리카, 동쪽은 인도차이나 반도와 순다 열도와 오스트레일리아, 남쪽은 남극해로 둘러쌓여 있다.

냉매
냉동설비에는 적당한 압력으로 증발 응축하는 액체가 사용되며 이 액체를 냉매라고 한다.

해수 온도차, 두 가지 기술

해수 온도차 발전에는 두 가지 종류가 있다.

하나는 심층수와 표층수 등 바닷물만 이용하는 방식인 개방순환식 해수 온도차 발전이며, 다른 하나는 별도의 냉매를 이용하는 폐쇄순환식 해수 온도차 발전이다.

먼저 개방순환식 해수 온도차 발전을 보자. 물에 낮은 압력을 가하면 100도℃에 이르지 않아도 끓는다. 높은 산에 올라, 산 정상 부근에서 밥을 하면, 밥이 덜 익는 경험을 한 적이 있을 것이다.

높은 곳에서는 압력이 낮아 물의 끓는점인 100도℃가 아니어도 물이 끓기 때문이다. 이럴 때 냄비 위에 묵직한 돌멩이를 올려놓으면 돌의 무게로 압력이 높아지고, 물의 끓는 점을 높힐 수 있다. 이렇게 압력만 낮춰도 물을 증발시킬 수 있다. 증발된 물을 이용해 발전터빈을 돌리면 전기가 만들어진다. 이것이 개방순환식 해수 온도차 발전의 간단한 원리이다.

폐쇄순환식 해수 온도차 발전은, 화력발전의 원리와 비슷하다. 화력발전은 석탄이나 가스로 물을 끓여 증발시키고, 증발된 수증기의 힘으로 발전터빈을 회전시켜 전기를 만든다. 폐쇄순환식 발전은 낮은 온도에서도 쉽게 증발하는 암모니아, 프레온 등의 냉매를 표층수의 열로 증발시킨다. 이 증발된 기체를 심층수의 차가운 열원으로 응축시키는 과정에서 냉매 증기를 만드는데, 이 냉매 증기의 운동에너지를 이용해 터빈을 회전시켜 전기를 생산한다. 복수기 대신 심층수를 쓴다.

한국해양과학기술원은 해수 온도차 발전을 할
때 특별한 냉매를 사용한다. 세계적으로 시도된
적이 없는 디플르로메탄[R32] 냉매를 이용한 것이
다. 디플르로메탄[R32] 냉매는 기존의 프레온 가스
와 달리 지구 오존층을 파괴하지 않는 친환경 냉
매이다.

한국해양과학기술원
해양과학기술 및 해양산업
발전에 필요한 연구, 실용
화 연구 등을 수행하는 공
공기관. 해양수산부 산하
기관.

기특한 해양심층수

해양수산부가 2015년 1월 발표한 해양심층수를 활용한 산업클러스터 조감도
〈출처: 해양수산부〉

해양심층수는 단순히 깊은 바다에 있는 바닷물이 아니다. 수심 200m 아래의 깊은 바다에 있기는 하지만 표층수와는 전혀 다른 성질을 갖고 있다.

무엇보다 아주 깨끗하다. 표층수와 달리 물에 녹은 산소량이 적고 햇빛이 닿지 않는 곳에 있기 때문에 미생물과 플랑크톤이 없어, 살균 처리 없이 마실 수 있다. 강물이나 저수지의 물을 그냥 먹으면 배탈이 나기 때문에 수돗물로 공급하기 전 소독하는 데, 심층수는 그럴 필요가 없다. 그래서 양식업자들은 해양심층수를 활용해 청정한 어패류를 생산하고 보존한다. 실제로 심층수에 빠진 잠수함에 있던 음식이 1년이 지나도 썩지 않았다는 보고도 있다. 인터넷 백과사전인 위키디피아에 따르면 미국의 대표적인 심해 유인잠수정 앨빈호[Alvin]

가 사고로 심층수가 고여 있는 해저 1,540m까지 침몰했다가 약 1년 뒤에야 인양된 적이 있는데, 앨빈호 안에는 승무원들이 먹다 남은 음식이 전혀 썩지 않은 채 발견되었다.

영양 염류와 미네랄이 풍부하고 파이프만 꽂으면 채취할 수 있기 때문에 오염이 없으며 매장량도 무제한이다.

이렇게 해양심층수는 지구상에서 채취 가능한 식수 중 가장 깨끗하기 때문에 세계 각국들은 앞다투어 산업화에 나서고 있다. 특히 일본엔 해양심층수를 활용한 음료, 스파를 비롯한 각종 건강 상품 등 큰 시장이 형성되어 있다.

우리나라도 2000년대 들어 심층수 산업을 육성하기 위해 다양한 노력을 기울이고 있다. 2004년 5월, 국립연구기관인 해양심층수연구센터를 설립해 심층수에 대한 연구 개발을 하고 있으며, 2015년 1월, 해양수산부는 해양심층수를 활용한 산업클러스터 조성계획을 발표했다.

해수 온도차 발전은 표층수와 심층수의 온도가 17도℃ 이상 차이가 나야한다. 17도℃ 이하인 때는 발전소를 만들어도 전기를 생산할 수 없다.

우리나라의 경우 여름 전후로 넉 달만 발전이 가능하다. 문제는 표층수다. 동해 바다 속 심층수는 200미터ᵐ만 내려가도 온도가 2도℃ 이하의 물을 만날 수 있지만 표층수는 여름이 되어야만 온도가 25도℃ 이상 오른다. 바닷물의 온도 차이가 17도℃ 이상으로 벌어지는 4개월만 전기를 생산하고 나머지 8개월을 놀리는 방식이라면 경제적 효과가 전혀 없다.

해수 온도차 발전에 필요한 기기로는, 바다 깊숙이 있는 심층수를 끌어올리는 펌프, 발전터빈으로 냉매를 순환시키는 장치, 바닷물에 가해지는 압력을 1기압보다 낮추는 장치 등이 필요하다. 이들 기기를 작동시키기 위해서 전기가 필요하다.

적도라고 해서 해수 온도차 발전에 맞춤인 것만은 아니다. 지구상의 적도선이 통과하는 지역은 태양의 직사광선을 가장 많이 받는 지역이다. 따라서 바다 온도 또한 가장 높다. 적도 바다는 표층수의 온도가 평소 25도℃ 이상이다. 이 지역에서의 문제는 심층수다. 바닷 속 1,000m 아래까지 내려가야 만 5도℃가량의 심층수를 만날 수 있다. 너무 깊이 내려가야 하는 것이다. 다만 적도지역은 표층수와 심층수의 온도가 일년 내내 일정하다는 장점이 있다. 따라서 낮은 비용으로 1,000m 깊이의 심층수를 뽑아 올리는 기술과 파이프라인에 대한 투자가 이루어진다면 일년 내내 해수 온도차 발전소을 통해 전기를 얻을 수 있다.

파이프라인
원유, 정유, 천연가스 등 주로 유체를 수송하기 위해 지상, 지하에 고정 또는 매설한 관로.

해수온도차 발전은 기저부하 후보!

기저부하란 사시사철 하루 24시간동안 전력을 뽑아 쓸 수 있는 발전원이다. 계절이나 밤낮에 관계없이 국가가 필요로 하는 최소한의 전력량이 있으며, 이를 담당하는 전력을 기저부하라고 한다.

현대 사회에서 전력은 말할 수 없이 중요하다. 그래서 값싸게 생산하면서도 품질 좋은 전기를 생산하기 위해 노력해 왔다.

우리나라에서 기저부하는 원자력 발전과 석탄화력 발전이 담당하고 있다. 원자력 발전은 우라늄을, 석탄 화력 발전은 석탄을 사용한다.

원자력은 연료인 우라늄을 발전기에 넣어주면 몇 년간 연료를 교체하지 않아도 된다. 최근엔 핵폐기물 처리 비용도 발전 비용에 넣어야 한다는 주장이 생기면서 원자력 발전의 전력 생산단가 논란이 불거지기도 했다. 석탄화력 발전은 석탄이 분진을 일으키고, 온실기체를 쏟아내기 때문에 환경문제가 발생한다. 단 연료 가격이 싸기 때문에 아직 기저부하라는 지위를 유지하고 있다.

기저부하가 아닌 발전에는 가스 발전, 태양광 발전, 풍력 발전 등이 있다 가스발전은 가스를 계속 공급해 주어야 하며, 태양광과 풍력 발전은 무한한 자연에너지를 연료로 이용하지만 초기 설치비용이 많이 들고, 태양이 뜨는 낮이나 바람이 불 때만 전력을 생산할 수 있어 기저부하의 지위를 놓쳤다.

최근엔 태양광 발전과 풍력 발전의 설비 가격이 점점 낮아지고 있어, 경쟁력을 높여가고 있다.

신재생 에너지에도 기저부하 후보가 있다.

바로 지열과 해수 온도차 발전이다. 지열과 바닷물은 기후에 영향을 받지 않는 깊은 땅 속이나 바다에 있어 언제든지 이용할 수 있다. 땅 속에서 지속적으로 열을 얻기 위해선 1,000m까지 파고 들어가야 하거나, 적도에서 5도$^\circ$의

온도의 심층수를 얻기 위해선 바다 속 1,000m까지 파이프를 설치해야 한다는 것이 단점이다.

지열과 해수 온도차 발전은 아직까지는 초기 설치비용이 많이 들어 기저부하의 지위를 얻지 못하고 있다.

과학자들은 향후 기술이 개발되고 설비 가격이 낮아진다면 지열 발전과 해수 온도차 발전이 원자력과 석탄화력 발전을 대체할 날이 올 수 있을 것이라고 예측하고 있다.

해양 복합온도차 발전, '증기열과 온배수'

우리나라 동해안은 적도보다는 북극과 가까운 위치에 있다. 또 한류가 내려오기 때문에 바다 깊이 들어가지 않아도 낮은 온도의 심층수를 손쉽게 구할 수 있다.

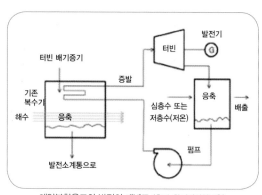

해양복합온도차 발전의 개념도 〈출처: 한전전력연구원〉

과학자들에 따르면 200m 내려가면 2도℃, 80m 정도 내려가면 4도℃, 60m정도 내려가면 10도℃의 심층수를 얻을 수 있다. 이런 좋은 조건이 있는데도 여름에만 표층수 온도가 25도℃ 이상 올라가기 때문에 그때에만 해수 온도차 발전이 가능하다.

'뭔가 방법이 없을까? 일년 내내 해수 온도차 발전을 할 수 있는 길이 없는 것일까?'

삼면이 바다인데다가 수심 깊은 동해안을 갖추고 있는데, 해수 온도차 발전을 일년에 단 넉 달만 할 수 있는 건 안타까운 일이었다.

한류
온도가 비교적 낮은 해류 고위도 지방에서 저위도 지방으로 흐름.

여기에 정답을 제시한 것이『해양 복합온도차 발전』이다.

해양 복합온도차 발전은 해수 온도차 발전을 현재 가동하고 있는 화력발전소 등에 접목해 발전하는 방식이다. 해수 온도차 발전을 화력발전소에 적용하면 설치 비용에 비해 많은 전력을 생산할 수 있다. 해양 복합온도차 발전을 시작한 기관은 한전 전력연구원이다. 한전 전력연구원에서는 '해수'라는 용어 대신 '해양'을 사용하여 발전소 계통을 결합한 새로운 에너지원임을 강조하고 있다.

한전 전력연구원은 먼저 발전소의 증기열과 이를 통해 배출되는 온배수에 주목했다. 온배수의 온도가 표층수보다는 높은 것을 고려해, 이를 통해 여름철 외에도 해수 온도차 발전이 가능성을 연구했다. 하지만 온배수의 온도가 표층수보다 고작 7도℃밖에 높지 않아 연중 사용은 역시 불가능했다. 그래서 이 온배수를 아예 발전소 계통에 넣어 터빈을 돌리는 것을 생각했다.

과정을 보면 이렇다.

발전소 주변의 온배수를 포함한 해수는 일년 내내 10도℃에서 15도℃ 정도이다. 반면 발전소에서 터빈을 돌리고 바로 나온 증기는 32도℃이다. 해수와 증기의 온도 차이는 20도℃이상이 되므로 해수 온도차 발전이 가능하다.

한전 전력연구원
전력설비의 안정 운영을 위한 R&D 등을 연구하는 한국전력공사 연구기관.

계통
일정한 체계에 따라 서로 관계되어 작용하는 부분들의 통일적 조직.

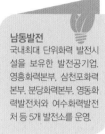

온배수가 흘러들어 표층수는 비교적 높은 온도가 된다. 심층수를 모으기 위해서는 바다 깊은 곳에 관을 설치해야 하는데, 굳이 깊은 곳까지 가지 않아도 해수 온도차 발전에 필요한 심층수를 얻을 수 있다. 그만큼 해수 온도차 발전기를 설치하는 데 드는 비용을 아낄 수 있다.

한전 전력연구원은 이 기술을 이용해 강릉에 있는 남동발전의 『영동화력발전소』에서 10킬로와트^{kw}의 해양 복합온도차 발전을 도입하여 성공했다. 이는 세 가정이 일년 동안 쓸 수 있는 전기량이다. 한전전력연구원은 이 모델을 발판으로 2016년에는 100킬로와트^{kw}의 전기량을 얻을 수 있는 설비를, 3년 후에는 1,000킬로와트^{kw} 발전량이 가능한 설비를 마련할 계획이다.

온배수를 둘러싼 논란들

온배수는 화력발전소나 원자력발전소 등에서 냉각수로 사용한 후 배출되는 고온의 물로 전기를 만드는 과정에서 터빈을 돌리는 증기를 식히기 위한 냉각수를 말한다. 주위의 수온보다 보통 7도℃에서 9도℃의 온도 차이가 있다. 그런데 이 온배수가 바닷물의 조건을 바꾸어서, 생태계를 파괴시킨다는 지적이 있다. 수열에너지는 바닷물이 가진 열에너지를 활용하는 에너지원이다.

정부는 '신에너지 및 재생에너지 개발·이용·보급촉진법 시행규칙'을 개정해서 발전소 온배수를 '수열에너지'로 정식 규정해 신재생에너지원에 넣었다.

현재 발전소에서는 매년 500억 톤의 온배수를 배출하고 있다. 1톤 트럭을 생각하면, 어마어마한 양이 바다 속으로 흘러들어가고 있는 것이다. 지난 10년간 누적된 배출량은 5천억 톤이다.

과연 바다는 안전할까?

온배수 때문에 발전소를 운영하는 발전사와 지역 주민들 간에는 소송도 이어지고 있다. 현재 61건의 소송이 있었으며, 원자력발전소를 운영하는 한국수력원자력과의 소송 건수가 39건이다.

소송의 쟁점은 '안전성'이다. 어민들은 사람의 건강에서 체온이 아주 중요하듯이 바다의 온도는 해양 생태계에 있어 가장 중요한 환경요인 중 하나라고 주장한다. 온배수때문에 특별한 종의 생산이 급격하게 증가했거나 생태계의 균형이 깨졌다는 것이다. 이는 곧 자신들의 생계와도 직결된다고 주장한다.

「온배수」를 두고 정부는 안전하다고 말하고 주민과 환경론자들은 안전하지 않다고 말한다. 온배수의 안전성은 아직 증명되지 않았다.

먼 훗날 후대는 '온배수'를 어떻게 규정할까?

신재생에너지
네번째 이야기

더 나은
태양전지

태양전지의 진화, 알록달록하고! 구부러지고!

현재 옥상에 세워졌거나 들판에 세워진 태양광 발전소를 보면, 태양광 모듈과 그것을 단단하게 받쳐주는 고정대를 보게 된다.

하지만 지금의 태양광 발전을 하는 시스템보다 작은 형태로 발전이 가능하다면, 좁은 공간에서 태양광 발전이 가능할 것이다. 또 건물에 설치된 태양전지 역할을 하는 유리에서 바로 발전을 한다면, 지지대로 고정하지 않아도 된다. 편리하고 쉽게 태양광 발전이 가능하며, 건물을 지을 때 태양광 발전이 가능한 유리를 설치하면 되기 때문에 비용도 적게 든다. 게다가 알록달록한 유리판으로 개성 있는 분위기를 연출할 수 있다. 내 마음에 드는 색깔을

모듈
시스템의 구성 단위. 여러 개의 전자부품이나 기계부품을 조립해 특정 기능을 할 수 있도록 만든 부분장치로, 제품과 부품의 중간적인 장치라는 개념으로 쓰임.

덧씌운 유리 태양광 모듈을 골라 시공할 수도 있으며, 과거 태양광 발전보다는 훨씬 많은 전기를 만들 수도 있다.

옥텟 규칙?

태양전지는 태양의 빛에너지를 전기에너지로 바꾸어주는 장치다. 화력발전소나 원자력발전소는 증기의 힘을 이용하여 터빈을 돌려 전기를 만드는데, 터빈이나 발전기 없이 직접 전기를 얻을 수 있다.

태양전지는 보통 N형 반도체와 P형 반도체 두 개가 붙은 구조다. 그런데 왜 이들 반도체가 두 개가 붙어야 전기가 발생할까?

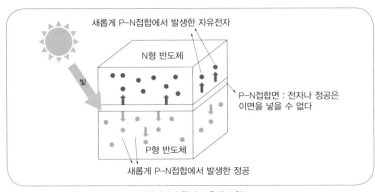

태양전지의 원리 – 옥텟 규칙

각각의 반도체가 불안정하기 때문이다. 혼자서는 잘 못 놀기 때문에 친구를 찾아다니는데, 그때의 원칙이 화학원리 중 하나인 『옥텟 규칙』이다.

원리를 보자, 수소의 경우 반드시 수소 두 개 형태인 H_2로 다녀야 수소의 성질을 띨 수 있으나, 헬륨은 혼자서도 자신의 능력을 발휘할 수 있다. 수소는 그렇지 않은데 헬륨은 안정적인 구조를 갖고 있기 때문이다.

옥텟규칙에 따르면, 물질의 가장 작은 단위인 원자의 가장 바깥을 도는 전자의 수가 8개일 경우 안정적인 상태를 유지한다. 8개가 안되면 불안정하다. 즉 헬륨은 혼자서도 8개를 지녀서 안정적이고, 수소는 그렇지 않은 것이다.

N형 반도체는 실리콘과 인을 섞어 만든다. 실리콘에는 가장 바깥에 전자 4개가 있고, 인은 9개가 있어, 한 개가 남는다. 자, 실리콘에 붕소를 섞어 만드는 P형 반도체는 어떨까, 붕소는 가장 바깥에 전자가 3개니까 합쳐서 7개로 안정적인 전자 수인 8개를 채우려면 한 개가 모자란다. N형 반도체가 P형 반도체에게 전자 하나를 주면, 각각 가장 바깥의 전자 수가 총 8개가 되므로 이 구조는 안정적이다. 그런데 만약 거꾸로 P형 반도체의 전자가 N형 반도체

로 간다면 안정적 구조는 깨지고 만다. 그래서 반도체 사이에 접합면을 두어, P형 반도체의 전자가 N형 반도체로 흘러들지 않도록 한다. 접합면이 하는 일은 또 있다. 그 곳에 햇빛을 쬐어주면 전기를 품은 입자인 전자가 만들어져 전기를 생산하게 된다.

실리콘 태양전지를 뛰어넘어라

가장 많이 쓰이는 태양전지는 실리콘 태양전지다. 효율이 16~20% 가량으로, 빛을 받는 양이 10%면, 그 중 5분의 1정도 전기를 만들어 낼 수 있는 것이다. 값도 와트^W당 600원 선으로 저렴하다.

2003년부터 본격적으로 보급된 실리콘 태양전지는 재료를 쉽게 구할 수 있어 인기였다. 모래 알갱이로 실리콘을 만들 수 있기 때문이다. 하지만 만드는 방법이 다소 복잡하고 비용이 비싼 편이다. 모래 알갱이에 화학물질을 섞어 폴리실리콘을 만들고, 기둥 모양의 잉곳^{ingot}을 만드는 데만 무려 1조 원 가량의 공장 시

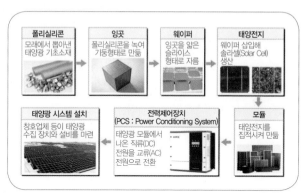

폴리실리콘	→	잉곳	→	웨이퍼	→	태양전지
모래에서 뽑아낸 태양광 기초소재		폴리실리콘을 녹여 기둥형태로 만듦		잉곳을 얇은 슬라이스 형태로 자름		웨이퍼 삽입해 솔라셀(Solar Cell) 생산

태양광 시스템 설치	←	전력제어장치 (PCS : Power Conditioning System)	←	모듈
창호업체 등이 태양광 수집 장치와 설비를 마련		태양광 모듈에서 나온 직류(DC) 전원을 교류(AC) 전원으로 전환		태양전지를 집적시켜 만듦

실리콘 태양전지로 태양광 발전하기

설이 필요하다.

또 통감자를 얇게 썰어 감자칩을 만들 듯 잉곳을 얇게 저며 원판 모양의 얇은 판인 웨이퍼를 만들고 여기에 리본이라고 불리는 얇은 전선을 깔아 태양전지를 만드는 것도 쉽지 않다. 소비자들이 최종 제품으로 쥘 수 있는 태양광 모듈은 태양전지 8개를 에바EVA시트, 백시트와 함께 유리판에 붙이고 뜨거운 열로 눌러 부착한다. 여기에 프레임을 붙이면 비로소 태양광 모듈이 완성된다. 처음부터 끝까지 모든 과정이 복잡하다.

웨이퍼
반도체를 만드는 토대가 되는 원판 모양의 얇은 판. 잉곳을 얇게 절단해 만듦.

리본
폭이 좁고 긴 끈이나 띠 모양의 물건을 통틀어 이르는 말로, 그런 모양의 전선을 이르기도 함.

잉곳(ingot)
금속을 깎아 누르는 등의 가공과정을 통한 후 거푸집에 넣어 굳힌 금속 덩이. 태양광전지의 핵심 소재로 태양광에서의 잉곳은 폴리실리콘을 녹여 원기둥 모양의 결정으로 만든 것. 태양전지 셀을 만드는 웨이퍼는 바로 이 잉곳을 얇게 절단해 만들어진다.

EVA
에틸렌비닐아세테이트의 약자. 에틸렌과 비닐아세테이트를 결합한 화학 신소재로 투명하고 접착성과 유연성이 우수해 신발 밑창, 코팅용, 접착제, 태양전지용 시트 등 다양한 용도로 사용.

백시트
습기 외부환경으로부터 모듈 내부에 있는 셀을 보호해주는 역할과 전면에 들어온 태양광을 여러번 모듈에 반사시켜주는 역할을 함.

태양광 기업들의 쇠락

2014년 초 태양광 모듈 가격이 와트^W 당 1달러, 즉 1,100원 아래로 떨어졌을 땐 많은 태양광 기업들이 문을 닫았다. 점점 상황은 더 나빠지고 있다.

그래서 기업들은 태양광 발전의 비용을 낮추기 위해 노력을 기울이고 있다. 태양광 발전이 일상에서 널리 쓰이려면 쉽고 저렴하게 생산해야 하고 기업도 지속적으로 태양광 사업을 할 수 있기 때문이다.

그래서 전문가들은 실리콘 태양전지보다 값이 싸면서도, 만드는 과정이 어렵지 않은 태양전지를 생각하기 시작했다. 그 중 하나가 바로『염료감응 태양전지』다.

효율이 두 배로 커진 염료감응 태양전지

염료감응 태양전지는 유리나 플라스틱, 나일론 천 바탕에 태양전지 역할을 하는 염료를 덧씌워 제작한다. 그만큼 제작법도 간단하고 비용도 줄일 수 있으며, 응용할 수 있는 것도 다양하다.

가령 태양광 발전이 가능한 등산 가방이나 셔츠를 생각해 보

염료감응 태양전지의 적용 사례 〈출처: 한국전기연구원〉

자. 몸에 붙일 수 있는 작은 에어컨이 만들어진다면 가방에서 혹은 셔츠 등 쪽에 연료감응 태양전지를 설치하여 태양빛을 받아 얻은 전기로 땀을 시원하게 식힐 수 있다.

연료감응 태양전지가 부착된 텐트를 만든다면 별도의 전지나 휴대용 부탄가스 없이 바로 전기 프라이팬이나 전등, 휴대용 에어컨, 라디오와 TV를 사용할 수 있다.

염료감응 태양전지를 자동차 천정에 달아보자. 지금까지는 가솔린 엔진을 돌릴 때 생기는 힘으로 전기를 발생시켰지만 앞으론 햇빛만 있으면 된다. 그만큼 연료비를 아낄 수 있다.

그런데 문제는 빛을 흡수하는 능력이 낮아 상용화에 어려움이 많다는 것이다. 과학자들은 넓은 파장의 영역에서 빛을 흡수할 수 있는 염료 개발을 위해 연구하기 시작했다. 보통 이 방법을 통해 얻어진 효율은 7%~10% 수준이었지만, 국내 기술로 효율을 세계 최고 수준인 11.2%까지 끌어 올린 것으로 알려져 있다.

🌱 공정이 간단한 페로브스카이트 perovskite 태양전지

2015년에 알려진 페로브스카이트 태양전지의 효율은 20.1%에 달한다. 시중에서 시판되는 실리콘 태양전지와 비슷한 수준이다.

한국화학연구원
한국의 화학연구기술개발을 주도하는 공공연구기관. 미래창조과학부 산하기관.

**NREL
(미국 신재생에너지
연구소)**
미국 콜로라도주에 위치한 신재생에너지와 효율적 에너지 연구 개발을 위한 주요 연구소. 정부 산하기관.

세계 최고 수준의 페로브스카이트 태양전지를 개발한 이는 바로 한국화학연구원에서 일하고 있는 석상일 박사다. 석 박사는 2015년 5월, 효율 20.1%의 페로브스카이트 태양전지를 개발했다고 밝혔다. 2014년에 효율 16.2%짜리를 개발했다고 첫 보고한지 일년 후 보고된 내용이다. 일년만에 효율이 4%나 올라간 것이다. 100에서 4의 효능을 더 갖게 된 셈이다. 이 효율은 미국 신재생에너지

페로브스카이트 원석

연구소[NREC]에 등재됐다.

이 분야에서는 우리나라가 세계 최고의 기술을 갖춘 셈이다. 페로브스카이트 태양전지만큼 이렇게 급격한 효율 향상을 이룬 태양전지는 없었다.

2003년, 일본 기업인 샤프는 실리콘 태양전지를 인공위성용으로 제작했다. 이후 실리콘 태양전지가 상용화돼 일반 가정에 널리 보급되기 시작했다. 2010년을 넘어서 실리콘 태양전지 효율이 16%를 돌파했다.

페로브스카이트 태양전지가 처음 등장한 때는 2009년으로, 당시 효율은 3%에 불과했다. 그러나 국내외 연구진의 노력으로 페로브스카이트 태양전지는 선을 보인지 6년 만에 효율이 7배가량 훌쩍 뛰어오른 것이다.

페로브스카이트가 특별한 이유

그런데 페로브스카이트 태양전지는 실리콘 태양전지, 연료감응 태양전지와는 어떻게 다를까?

페로브스카이트에 대해 좀 더 알아보자, 페로브스카이트는, 1839년 우랄산맥에서 처음 발견했다. 발견자인 러시아의 과학자 페로브스키의 이름을 따서 지어졌다. 우리말로 회티타늄석이라고 부르는 이 물질은 화학적으로 합성이 가능하며, 부도체·반도체·도체의 성질은 물론 초전도 현상까지 보이는 특별한 금속 산화물이다. 페로브스카이트는 스스로 광전효과에 의해 튀어나온 전자인 광전자를 그 안에 축적할 수 있다. 그래서 다른 소재보다 전기를 발생시키는 힘이 좋다. 페로브스카이트 태양전지는 고온에서 가열하거나 높은 진공상태의 과정이 필요 없다. 다만 다공질 산화티타늄 기판에 용액을 도포하고 건조하면 완성된다.

또 페로브스카이트 태양전지를 기존 태양전지에 층층이 쌓아 변환효율을 크게 높이기도 한다.

미국 스탠포드대 연구팀은 실리콘 태양전지에 페로브스카이트 태양전지를 쌓아올려 효율을 높였다. 스탠포드대 연구팀은 효율이 11.4%인 실리콘 태양전지에 효율 12.7%의 페로브스카이트 태양전지를 사용해 전체의 효율을 17%까지 끌어 올렸다고 보고했다.

그런데 페로브스카이트 태양전지엔 히스테리시스^{hysteresis}와 장기적으로 안정성을 갖는 데 문제가 있다. 히스테리시스는 태양전지를 정방향으로 효율을 측정한 결과와 역방향으로 한 측정 결과가 다른 것으로 우리말로는 이력현상이라고 한다. 이 때문에 효율이 급격히 떨어진다. 이를 개선하기 위해 이산화티탄과 첨가물을 넣지만 부식성이 강해 수명을 낮춘다.

우리나라 경희대학교 임상혁 교수가 이끄는 연구팀은 페로브스카이트 구조를 뒤바꿔 히스테리시스를 제거했다.

이를 『역구조 평판형 페로브스카이트 태양전지』라고 하는데,

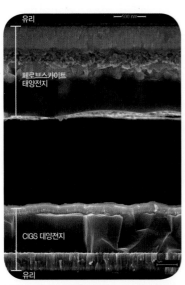

CIGS 태양전지(아래)에 접합된 페로브스카이트 태양전지(위)

부식을 막는 첨가제가 필요 없어 수명도 길다. 기존 페로브스카이트 태양전지는 햇빛을 받는 면으로 전자가 이동해 흐르지만, 경희대 연구팀의 페로브스카이트 태양전지는 전자가 빛을 받는 면 반대쪽으로 이동한다.

정방향과 역방향 모두 효율을 얻는데 균형을 맞출 수 있다.

현재 여러 연구진들이 페로브스카이트 태양전지를 두고 많은 연구활동을 벌이고 있다. 이런 연구가 결국 태양전지의 효율을 높이고 태양광 발전을 확대 할 것이다. 전 세계가 대한민국의 태양전지를 주목하고 있다.

태양전지의 성장

태양전지에도 세대가 있다. 실리콘 태양전지가 1세대라면, 박막형 태양전지는 2세대, 연료감응태양전지와 페로브스카트 태양전지는 3세대이다.

2세대인 박막형 태양전지는 실리콘 태양전지보다 효율은 떨어지지만 만들기 쉽고 가격이 저렴하다는 장점이 있다. 제조 원가를 줄이기 위해 실리콘 웨이퍼를 사용하지 않고 가격이 싼 재료를 이용한다.

유리·플라스틱 같은 물질 위에 박막, 즉 얇은 막으로 화학재료를 증착해 만든다. 제조와 설치하는 비용이 낮고, 부피가 얇아 빌딩이나 공장 등 비

웨이퍼
반도체 소자 제조의 재료 실리콘 반도체의 소재의 종류 결정을 원주상에 성장시킨 주 괴를 얇게 깎아낸 원 모양의 판.

증착
물질 혹은 물질의 집합의 상태 변화가 기체의 상에서 고체의 상으로 변하는 것. 공기 중의 수증기가 서리가 되는 현상이 증착임.

교적 큰 건물에서 대형으로 사용하기에 적합하다.

셀렌화구리인듐갈륨^{CIGS} 태양전지는 염료감응 태양전지와 같이 박막형 태양전지의 일종이다. 구리, 인듐, 갈륨, 셀렌의 화합물로 만들어졌다. 얇고 원재료가 값이 싸다. 제조공정도 짧아 대량 생산이 가능하다. 효율은 10~13% 정도다.

우리나라는 2014년에 실내조명과 태양빛을 동시에 이용할 수 있는 반투명 CIGS 태양전지를 세계 최초로 개발했다. 다만 원재료에 발암물질인 카드뮴이 들어있기 때문에 폐기할 때 환경 비용이 발생하는 단점이 있다.

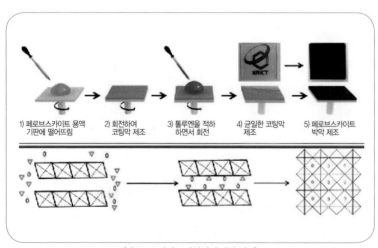

1) 페로브스카이트 용액 기판에 떨어뜨림 2) 회전하여 코팅막 제조 3) 톨루엔을 적하 하면서 회전 4) 균일한 코팅막 제조 5) 페로브스카이트 박막 제조

〈페로브스카이트 태양전지 제작 과정〉
기판에 단순히 페로브스카이트 용액을 뿌리고 말리는 공정만 있어 제작비용이 싸다.

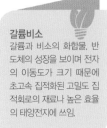

갈륨비소
갈륨과 비소의 화합물, 반
도체의 성장을 보이며 전자
의 이동도가 크기 때문에
초고속 집적화된 고밀도 집
적회로의 재료나 높은 효율
의 태양전지에 쓰임.

또 새로운 유형의 태양전지에는 건물일체형[BIPV] 태양광 전지가 있다.

이 태양전지는 실리콘 계열이지만 건물 외벽에 부착하여 태양광 발전을 진행하는 전지를 말한다. 기존의 실리콘 태양전지가 모듈 형태로 만들어져 옥상에 비스듬히 세워진 상태에서 태양광 발전을 했다면, 이 태양전지는 건물 외벽에 부착하는 것만으로 발전할 수 있다.

갈륨비소[GaAs] 태양전지는 인공위성에 사용되는 태양전지다. 효율이 35%나 되지만 제조 비용이 비싸다는 단점이 있다.

유기 태양전지는 탄소와 같은 유기원소를 포함한 태양전지로 효율이 아직 상용화 단계에 이르지 못하지만 큰 면적으로 만

햇빛으로 만든 착한 에너지

들 수 있어 더 많은 발전을 할 수 있다. 공정이 편리하며 대량 생산이 가능하며, 소재 자체를 구부리기 쉬워 여러 용도로 사용할 수 있다.

태양전지는 진화하고 있다.

태양광 발전에 있어 무엇보다 중요한 태양전지가 진화하면 더욱 낮은 가격으로 전기를 사용할 수 있게 될 것이다. 물론 효율도 훨씬 좋아진다.

태양전지가 진화하면 우리 삶도 변화할 것이다.

햇빛으로 만든 착한 에너지가 만들어갈 세상의 모습은 어떠할까? 과학자들의 노력은 좋은 세상을 만드는 힘이 된다.

Part 3
온실기체와의 싸움,
온실기체를 이용하라

온실기체 저감
첫번째 이야기

온실기체를
잡아라

기후변화 원인은 '사람'이다

    남태평양의 아름다운 섬, 키리바시가 사라지고 있다. 키리바시의 아노테 통 대통령은 지금 상황대로라면, 키리바시는 2050년이 되면 없어질 것이라고 말했다. 그는 '존엄한 이민' 정책으로 국민들의 이민을 추진하고 있으며, 선진국들의 기술로 키리바시를 살려야 한다고 주장한다.

왜 키리바시는 사라지고 있는 것일까?

    우리나라 김대중 전 대통령이 노벨평화상을 받은 것이 2000년이다. 그로

> **존엄한 이민정책**
> 키리바시의 대통령이 추진하는 정책으로, 지구온난화에 책임있는 선진국들이 키리바시 국민들이 품위 있게 이주할 수 있도록 지원해줘야 한다는 내용. 대부분 어민인 국민들이 다른 나라에서 필요로 하는 기술교육 프로그램을 적극 추진하고 있음.

IPCC

기후변화에 관한 정부
간 협의체. 세계기상기구
(WMO)와 유엔환경계획
(UNEP)이 공동으로 설립
한 유엔 산하 국제 협의
체이다. 기후변화와 관련
된 지구의 위험을 평가하
고 국제사회가 서로 머리
를 맞대고 대책을 마련하
기 위해 만든 단체. 전 세
계 195개국이 참여하고 있
다. 2015년 10월 7일 고려
대 그린스쿨대학원 이회
성 교수가 의장으로 선출
되어 우리나라가 의장국
이 되었다.

부터 7년 후 노벨재단은 '사람'이 아니라 한 국제단
체에 상을 수여했다.

노벨평화상을 받은 단체는 IPCC였다. IPCC는 전
에는 찾아볼 수 없었던 가뭄과 엘니뇨, 쓰나미 등 각
종 기후 이상의 원인을 추적했다. 소속된 1,800명의
과학자가 찾아낸 결정적 원인은 '사람'이었다. 사람
이 지구의 기후변화를 가져온 주요 원인이었다.

온실기체로 지구 온도가 급격히 올라가고, 이로
인해 바닷물이 열을 받아 팽창하여 수면이 높아진
다. 또 육지에 있는 빙하가 녹으면서 바닷물의 높
이가 올라간다.

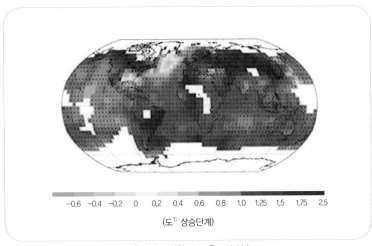

-0.6 -0.4 -0.2 0 0.2 0.4 0.6 0.8 1.0 1.25 1.5 1.75 2.5

(도° 상승단계)

기후변화로 인한 지구 온도의 상승

사라질 위험에 처한 나라는 키리바시 뿐 아니라 피지, 투발루 등 여러 섬이며, 2050년이면 2억 5,000만명이 기후변화때문에 나라를 잃게 될 것으로 보인다.

사실 최근 발생하고 있는 기후변화에 키리바시의 책임은 거의 없다. 지구 온도를 높인 책임은 공장을 많이 짓고, 자동차를 많이 이용하고, 전기를 많이 사용하는 선진국에 있다.

이산화탄소 배출국 7위에 이름을 올리고 있는 우리나라도 책임에서 자유롭지 않다. 산업이 발전하고, 공장을 많이 짓고, 에너지를 많이 쓴다는 것은 곧 이산화탄소를 많이 배출하는 것이다.

기후변화
일정한 지역에서 장기간에 걸쳐서 진행되고 있는 기후의 변화. 보통 온실효과에 의한 기후의 이상현상을 말함.

온실기체
공기 중의 이산화탄소, 메탄 등 지구를 따뜻하게 감싸는 기체.

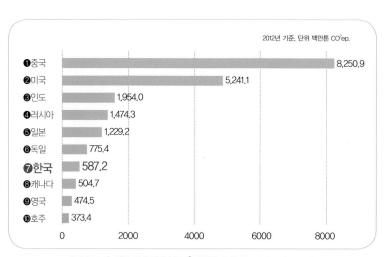

2012년 기준, 단위 백만톤 CO_2ep.

❶중국	8,250.9
❷미국	5,241.1
❸인도	1,954.0
❹러시아	1,474.3
❺일본	1,229.2
❻독일	775.4
❼한국	587.2
❽캐나다	504.7
❾영국	474.5
❿호주	373.4

연료연소에 의한 이산화탄소(CO_2)배출량 순위 〈출처: 산업자원통상부〉

온실기체 대부분은 이산화탄소

온실기체에서 이산화탄소가 차지하는 비중은 압도적으로 높다. 지구를 죽이는 6대 온실기체는 이산화탄소^{CO_2}, 메탄^{CH_4}, 아산화질소^{N_2O}, 기타 수불화탄소, 수소불화탄소^{HFCs}, 과불화탄소^{PFCs}, 육불화황^{SF_6} 이다. 이 중 이산화탄소의 비율은 총 88.6%나 된다.

사람이 편리하게 생활하기 위해 석탄, 석유, 가스 등과 같은 화석연료를 사용하면서, 지구의 이산화탄소 농도는 높아졌다. 산업혁명 이전 280피피엠^{ppm}에서 2007년 기준 383피피엠^{ppm}으로 37%나 증가했다. IPCC는 현재와 같은 추세로 온실기체를 배출한다면, 대기 중 이산화탄소 농도가 2100년에 936피피엠^{ppm}에 도달할 것으로 보고 있다.

ppm
100만분의 1을 나타내는 단위. 1g의 시료중에 100만분의 1g, 물 1ℓ 중의 1g, 공 1m³중의 1cc가 1ppm이다.

기후변화협약 당사국총회
지구 온난화로 인한 장기적 피해를 줄이기 위해 1992년 유엔 환경개발회의에서 체결한 기후변화협약의 구체적인 이행방안을 논의하기 위해 매년 개최하는 당사국들의 회의. 1995년 3월 제1차 총회가 열렸다. 약자는 COP이다. 2015년 11월 프랑스 파리에서 COP 21 행사가 열린다. 이 회의에는 195개국이 참여할 예전이며, 교토의 정서를 대체할 새로운 기후변화 대응체계가 수립될 전망이다.

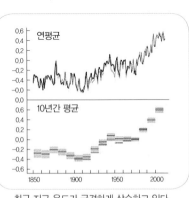

최근 지구 온도가 급격하게 상승하고 있다.

기후변화는 키리바시 등 일부 섬나라들의 생사뿐 아니라 지구 생존 자체를 위협하는 문제다. 이산화탄소를 줄이기 위해 갖가지 방법이 동원되고 있다. 기후변화협약 당사국총회[COP]는 이산화탄소를 줄여나가는 것을 나라들이 스스로 약속하고, 이행할 수 있는 목표를 잡아 제출할 것을 요구했다.

이산화탄소를 줄이기 위한 '생각'

가장 먼저 할 일은 이산화탄소를 주로 내뿜는 화석연료를 줄여나가는 것이다. 그러나 석탄, 석유 등 화석연료를 대체할 새로운 에너지원은 지금 당장 발견하거나 개발되어지지 않았다. 과학자들은 현재 배출된 이산화탄소를 처리하는 방법을 고민하기 시작했다.

'이산화탄소, 메탄 등에 포함된 성분을 뽑아내면, 대기 중에는 이산화탄소와 메탄 등 온실기체가 방출되지 않겠지.'

'석유로 만드는 화학제품을 다른 것으로 만들면 어떨까, 그래! 이산화탄소와 메탄 등 온실기체에서 뽑아낸 성분을 이용하는 거야.'

'이산화탄소를 모아 저장하는 것은 어떨까?'

이산화탄소를 포집해 저장하는 CCS[Carbon Capture and Storage]와 이산

바이오매스
에너지원으로 사용되기 위해서 사용되는 식물이나 동물 같은 생물체의 양. 생물체에서 얻어지는 에너지원으로 사용할 수 있는 메탄가스나 에탄올 등을 만드는 것을 바이오매스에너지라 한다.

바이오에너지
바이오매스를 연료로 하여 얻어지는 에너지로 직접연소 · 메테인발효 · 알코올발효 등을 통해 얻어진다.

미생물
육안의 가시한계를 넘어선 0.1mm 이하의 크기인 미세한 생물. 주로 단일세포 또는 균사로 몸을 이루며, 생물로서 최소 생활단위를 영위한다.

화탄소를 활용해 화학물질을 만드는 방법인 일렉트로퓨얼과 C1 가스 리파이너리가 등장했다.

먼저 CCS는 탄소 포집 기술이다. 이산화탄소를 주로 배출하는 화력발전소와 제철소 등에서 나오는 이산화탄소를 직접 모아 땅 속이나 바다에 저장하는 방식이다. 과학자들은 당장 이산화탄소의 양을 줄일 수 있는 방법이라 생각했다. 일찍이 연구개발에 나섰고, 저장하기 좋은 장소를 찾고 있다. 우리나라도 여러 곳의 정부 부처가 함께 기술을 적용하기 위해 머리를 맞대고 있다.

한편 우리 주변의 바이오매스라는 자원에 주목했다. 그 자원을 이용해 에너지를 만든 것이 바이오에너지이다.

바이오매스란 생물체의 총량을 말한다. 동물이나 식물에 있는 유기물이 분해되면서 메탄가스나 에탄올 등이 생긴다. 이를 바이오매스에너지라 한다. 반면에 일렉트로퓨얼Electrofuel은 바이오매스가 아닌 미생물과 전기만으로 에너지를 얻는 방식이다. 특별히 바이오매스라는 자원을 이용하지 않아도 되니, 더욱 친환경적인 방법이다.

C1가스 리파이너리는 일종의 CCUCarbon Capture and Utility다. CCU는 이산화탄소를 단순히 저장하는 방식이 아니라 활용하는 것이다. 메탄가스와 일산화탄소 등에는 C1 가스, 즉 탄소 하나가 포

함되어 있는데, 흡착하거나 흡수 혹은 분리막을 만들어 탄소 하나만을 얻는 기술이다. 그 과정에서 온실기체인 이산화탄소와 메탄가스는 사라지거나 다른 분야의 원료가 된다.

인류는 이산화탄소와의 싸움에서 이기기 위해 새로운 기술을 개발하고 있다. 이산화탄소는 인류가 너무나 많이 화석연료를 사용하면서 '세상에서 제일 나쁜 기체'의 오명을 쓰게 되었다. 잡거나 저장하거나, 사용하거나… 이산화탄소를 둘러싼 인류의 고민은 과연 성공할 수 있을 것인가.

아름다운 섬 키리바시는 지금도 서서히 가라앉고 있다.

온실기체 저감
두번째 이야기

탄소를 모아 저장하기

2050년, 하루에도 몇 번씩 휘몰아치는 마른 바람이 성장한 벼를 휙 거두어가고 있다. 기후 이상으로 지구는 이제 벼, 옥수수, 밀 등 주요 곡물들을 기를 수 없는 행성이 되었다. 2000년대 초반 징후는 있었다. 당시 식량안보라는 말과 식량주권이라는 말이 등장했다. 넘쳐나던 식량은 옛말이 되었다.

온실기체가 문제였다. 18세기 중엽 산업혁명이 일어나면서 미국과 일본,

식량조차 구할 수 없는 미래지구의 모습을 그린 영화 '인터스텔라'

유럽 각국은 산업발전을 위해 화석에너지를 이용하기 시작했다. 석탄과 석유를 이용해 공장을 지었고, 제품을 만들었으며, 물건을 운송했다. 물건을 팔기 위해 백화점을 지었으며, 백화점 냉난방을 위해서 또다시 화석연료를 필요로 했다. 악순환이었다.

온실기체 중 85%가 넘는 비중을 차지하는 것은 이산화탄소^{CO_2}다. 인류 생존의 열쇠를 쥔 이산화탄소의 배출을 막아야 했지만 결국 실패하고 말았다.

신재생에너지를 이용해 에너지를 얻는 방법 외에 과학자들은 아예 이산화탄소를 잡아 가두는 방법을 생각했다. 이산화탄소를 포집하고 저장하는 기술인 '이산화탄소 포집저장기술(CCS)'과 포집해 이용하는 기술인 '이산화탄소 포집활용기술(CCU)'의 도입을 주장했지만, 막대한 비용이 들어간다는 이유로 정책은 폐기되거나 축소되었다.

2050년, 지구의 우울한 풍경을 만든 이는 누구일까? 황사 바람을 몇 백 배 넘어서는 모래 바람 속에서, 부족한 식량으로 끼니를 걱정하는 미래 세대에게 우리는 '죄인'이 될 수도 있다.

세계는 고민 중, '탄소를 어떡하지?'

세계는 머리를 맞대고, 온실기체를 줄이기 위해 대책을 논의하고 있다. 기후변화협약 당사국총회는 2014년 페루 리마에서 제 20차 총회를 가졌다. 모든 국가에게 2015년 9월말까지 스스로 정한 온실기체 감축공약을 제출하라는 결론을 내렸다. 2000년대 들어 중국과 인도가 산업발달로 이산화탄소 배출이 급격히 늘어나면서, 선진국들에 부과되었던 온실기체 감축 이행 노력은 개발도상국까지 확대되었다. 다만 의무가 아니라 '자국이 정하는 기여' 라는 용어로 스스로 감축안을 정하고, 총회에 제출하도록 했다.

우리나라 정부도 온실기체 감축정도를 정하고, 약속을 이행하기 위한 계획안을 제출했다. 감축 목표를 2030년 37%로 결정했다. 그런데 감축 과정을 들여다보면, 세계가 생각하는 온실기체 감축 노력과는 거리가 있었다. 실제로는 25.7%를 감축하고, 나머지 12%는 국제시장을 통해 탄소배출권을 사와 감축목표를 채우겠다는 것이다. 산업 때문에 대폭적인 감축이 어렵다는 이유였다. 환경단체는 정부의 이런 모습을 '꼼수'라고 비판한다. 결국은 국민의 세금으로 탄소배출권을 사고, 그것을 통해 국제사회와의 약속을 이행하겠다는 것이라며, 정부를 비판했다.

기후변화협약
지구의 온난화를 규제하고 방지하기 위해서 세계 192개국이 1992년에 맺은 국제 협약.

교토의정서
1997년 일본 교토에서 개최된 기후변화협약 제3차 당사국 총회(COP3)에서 채택되고 2005년 2월 16일 공식 발효된, 지구온난화의 규제와 방지를 위한 기후변화협약의 구체적 이행 방안.

지구를 살리는 대안이 될 것인가? 산업발전을 이유로 지구의 생존을 회피하는 꼼수가 될 것인가? 탄소배출권은 기로에 서 있다.

기업과 국가 간에 탄소를 거래한다?

탄소배출권 거래제 역시 국가 간 약속이다. 탄소배출권 거래제가 등장한 것은 1997년 일본 교토에서 있었던 『기후변화협약』이다. 이 협약에서 세계는 구체적으로 무엇을 할 것인지를 적은 교토의정서를 채택한다. 2008년에서 12년까지 전체 온실기체배출량을 1990년과 대비해서 평균 5.2% 감축해야 한다는 목표를 세웠다. 여기에서 탄소배출권 거래제가 등장했다.

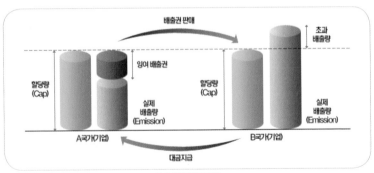

탄소배출권거래제

탄소배출권 거래제는 정부가 온실기체 배출권 총량을 설정하고, 개별 기업들에게 탄소를 배출할 수 있는 양을 정해준다. 기업은 정부가 정한 양의 한도에서 탄소를 배출할 수 있다. 할당된 양보다 탄소 배출을 적게 해서 잉여배출권이 생기는 기업은 남는 양을 다른 기업에게 팔 수 있다. 탄소 배출이 많은 기업은 초과해서 배출한 양만큼 탄소배출권을 구입해 메워야 한다 기업에게는 이윤이 가장 큰 문제이니, 사회적 책임과 비용의 의무를 같이 줘서 스스로 이산화탄소 배출량을 줄일 수 있도록 하겠다는 것이다. 탄소배출권 거래제는 기후변화협약에 가입한 국가간의 관계에서도 적용된다.

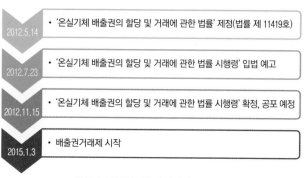

2012.5.14	• '온실기체 배출권의 할당 및 거래에 관한 법률' 제정(법률 제 11419호)
2012.7.23	• '온실기체 배출권의 할당 및 거래에 관한 법률 시행령' 입법 예고
2012.11.15	• '온실기체 배출권의 할당 및 거래에 관한 법률 시행령' 확정, 공포 예정
2015.1.3	• 배출권거래제 시작

우리나라의 탄소배출권 거래제 도입과정

2015년 우리나라에서도 이 제도를 도입했다. 한국거래소에서 탄소배출권을 사고 팔 수 있으며, 회사 508곳이 회원으로 가입했다. 마치 주식을 거래하듯 배출권을 사고 파는 것이다.

탄소를 사고판다? 불과 이십 여 년 전만 해도 상상할 수 없는 일이었다. 교토의정서에서 약속했다 하더라도 우리나라 문제로 다가올 것이라곤 생각하지 못했다. 지구에 그만큼 심각한 일이 벌어지고 있었기 때문에 피할 수 없는 일이 되었다. 현재 지구는 탄소권을 사고 팔아서라도 지구에 있는 탄소 총량을 줄여야 할 정도로 다급한 실정이다. 지구 온도가 1도℃라도 올라간다면 상상할 수 없는 문제가 도래할 것이기 때문이다.

지구 온도 1도$^\circ$가 올라간다면?

2013년 7월, 포츠담 기후영향연구소의 안더스 레버만 교수가 이끄는 독일·미국·캐나다·스페인·오스트리아 연구자들은 미국 국립과학원회보(PNAS)에 지구 온도 상승에 따른 해수면 상승 가능성을 경고하는 논문을 발표했다.

지구 온난화 영향으로 지구 온도가 1도$^\circ$ 오를 때마다 해수면이 2미터^m 이상씩 높아질 것이란 예측이 있었다. 바닷물의 부피가 팽창하고 남극과 북극 등의 얼음이 녹아 해수면이 상승한다는 것이다.

온도가 올라가면서 산업혁명 이후 지구 온도는 0.8도$^\circ$ 올랐고, 해수면은 17센티미터^{cm} 높아졌다.

또한 기후학자들은 지구 온도가 1도$^\circ$ 상승하면 세계적으로 생산되는 농산물이 10~70% 정도 감소하고, 농경지 10~50%가 황폐해져 결국 사막화할 것으로 예상하고 있다.

과학자들은 지구 온도 1도$^\circ$가 올라가는 것은 먼 훗날의 얘기가 아니라고 한다. 인류가 지금과 같이 화석연료를 사용한다면 2020년에는 지구온도가 1도$^\circ$ 올라갈 것이라고 경고한다.

이 때 4억에서 7억 명의 인류가 물부족으로 고통을 받게 될 것이고, 홍수와 폭우, 각종 알레르기와 전염병도 창궐할 것이라고 한다.

생물다양성도 위협받게 된다. 아인슈타인은 "꿀벌이 지상에서 어떤 이유로든 사라지게 되면, 인류 또한 4년을 넘기지 못할 것이다"라고 말했다. 이미 10여년 전 지구 북반구 꿀벌의 25%가 사라졌다는 학계의 보고가 있다. 생물다양성은 단순히 어떤 생물종 하나가 지구에서 사라져버리는 문제가 아니다. 인류 생존의 문제이다.

탄소를 모아 저장하라

인류는 탄소 배출 문제와 함께 이왕 배출된 탄소를 처리하는 문제도 고민하기 시작했다. CCS는 공기 중으로 배출되는 이산화탄소를 모아 땅 속이나 바다에 묻는 기술이다.

이미 세계 각국은 CCS를 활발하게 도입하고 있다

미국은 2017년 상용화를 위해『국립탄소포집센터』를 설립하고, 관련 기술에 집중 투자하기로 했다. 일본에서는 정부 뿐 아니라 기업도 많은 관심을 보이고 있다. 2008년 29개 회사가 비용을 내서 CCS 전문 민간기업인『일본 CCS 주식회사』를 설립했으며, 정부 정책도 빠르게 추진되고 있다.

EU는 화력발전소의 이산화탄소 배출량 제로를 목표로 2020년까지 대규모 실증사업을 벌이고 있다. 6조 8천억원이라는 막대한 비용을 투자하고 있다. 세계 최대 석탄 수출국인 호주는 CCS를 국가전략기술로 개발하고 있으며, 노르웨이는 1996년부터 세계 최초로 연간 100만 톤의 이산화탄소를 땅 속에 저장하고 있다. 신재생에너지 강국답게 가장 발 빠른 대응을 보이고 있다. CCS는 온실기체를 줄이는 좋은 수단이다. 과학자들은 2050년 즈음에는 CCS가 온실기체를 줄이는 역할을 13% 정도 할 수 있을 것이라고 보고 있다.

이산화탄소 1톤은 높은 온도와 평상시 기압에서 40층짜리 아파트 크기의 부피를 갖고 있다. 그러나 압력을 높이면 가로·세로·높이 모두가 1cm인 큐빅 크기로 저장할 수 있다. CCS는 이산화탄소를 작은 큐빅으로 만들어 땅 속이나 바다 속에 매립하는 것을 의미한다.

매립소를 찾는 일이 관건

CCS에서 가장 어려운 기술은 '매립'이다. 아무 곳에나 이산화탄소를 보관할 수 없기 때문에 이산화탄소를 보관하기에 적절한 지층을 찾아야 한다. 지층을 찾으려면 1km 이상 깊은 곳까지 굴착해야 한다.

이산화탄소를 매립할 수 있으려면 땅 자체가 높은 압력을 견딜 수 있어야 한다. 뚜껑 역할을 하는 기반암 아래 이산화탄소를 보관할 수 있는 단단한 지층이 가장 적합하다.

보통 포집한 탄소를 저장하는 공간을 찾는 일은 유전을 찾는 일과 비슷하다. 아예 기존 가스전이나 유전을 이용하는 방법도 있다. 유전이나 가스전에서 석유와 가스를 어느 정도 뽑아내면 압력이 줄어들어 더 이상 채굴할 수 없는 상태가 된다. 이 때 이산화탄소

톤(Ton)
무게와 질량의 단위. 1톤은 1,000kg에 해당되며 상선, 군함 등의 크기 단위로 사용된다.

기반암
토양층의 아래에 놓여 있는 굳은 암석. 풍화를 견딘 단단한 암석.

가스전
지하에 상업적으로 가치가 있는 가스층이 하나 이상 존재하는 지역.

를 집어 넣으면 잔여 매장물도 뽑아 올릴 수 있으며, 이산화탄소도 저장할 수 있는 이중의 장점이 있다. 실제 석유가스 관련 주요 대기업들은 이와 같은 방식으로 이산화탄소를 저장할 방법을 찾고 있다.

이산화탄소를 흡수해서 모으는 갖가지 방법

이산화탄소가 많이 발생하는 곳은 화력발전소, 제철소, 시멘트 회사다. 이들 공장에서는 탄소포집기술을 통해 이산화탄소를 모으고, 포집한 이산화탄소는 선박이나 파이프라인 등을 통해 수송한다. 이후 이산화탄소는 화학물을 만드는 원료로 사용하거나 바다나 땅 속에 저장한다.

포집 기술은 연소 전 포집, 순산소 연소, 연소 후 포집, 이렇게 세 가지가 있다.

먼저 연소 전 포집 기술은 탄소질 연료를 수소와 이산화탄소로 전환시킨 후 이산화탄소를 모으는 기술이다. 이 기술은 석탄가스화 복합발전에서 적용된다. 석탄가스화 복합발전은 설비 투자 비용과 발전 원가가 비싸기 때문에, 애초 설비를 지을 때 이산화탄소

Co₂ 포집기술

탄소질
부분적으로 혹은 전체가
탄소로 구성되어 있는 것.
유기성분인 탄소를 함유
한 것을 뜻함.

석탄가스화 복합발전
석탄을 고열로 기체화하
여 합성가스를 만들어 발
전하는 방법. 2010년 이후
미국이 주도하고 있음.

회수 설비를 포함하게 되면, 발전원가와 설비투자비, 이산화탄소 회수 등 여러 가지 면에서 잇점이 많다.

순산소 연소 기술은 연소 중 포집 방법이다. 발전을 할 때 공기 중 질소를 제거한 순수한 산소만으로 연료를 연소시킨다. 이때 나오는 농도가 짙은 이산화탄소를 직접 얻는 기술이다. 연소하고 나면 이산화탄소와 물만 나오기 때문에 얻을 수 있는 이산화탄소의 양이 많다.

순산소 연소기술은 석탄화력발전, 가스터빈발전 등에 적용할 수 있고, 다른 기술과 비교할 때 처리비용이 크지 않다는 장점을 지니고 있다. 단 산소를 만드는 가격 등 경제적인 측면을 고려해야 한다.

가장 현실적인 기술 '연소 후 포집' 기술

연구개발이 집중적으로 이루어지는 기술은 연소 후 포집 기술이다. 현실적으로 빠른 시일 안에 대규모 실증이 가능한 기술이다. 연소 후 나온 기체에서 이산화탄소만을 떼서 분리해 모은다. 발전소에서 증기를 만들기 위해서는 석탄이나 천연가스를 태워 물을 끓여야 하는데, 이때 이산화탄소가 나온다. 이들 이산화탄소를 분리해 모으는 기술을 연소 후 포집기술이라고 한다. 세계적으로 가장 활발하게 연구되고 있으며, 우리나라 또한 이 분야에서 세계최고의 기술력을 인정받고 있다.

연소 후 포집 기술은 세 가지가 있다. 흡수법, 흡착법, 막분리 방법이다.

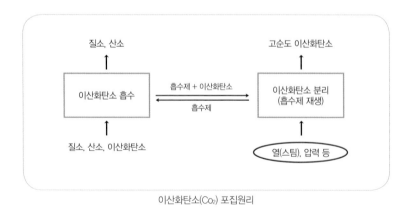

이산화탄소(CO_2) 포집원리

흡수법은 화학물을 이용해 이산화탄소를 흡수하는 것이며, 흡착법 역시 화학물을 이용하는데 추출 형태가 기체가 아니라 고체형태다. 막분리법은 고가의 분리막을 사용해 특정 기체만 그 막을 투과할 수 있도록 한다.

흡수법에는 습식과 건식이 있는데, 물에 흡수해 사용하는 것을 습식방법이라고 한다.

우리나라 기술로 각광받는 방법 중 하나가 습식흡수법으로, 습식 아민을 이용한다. 한전 전력연구원 심재구 박사팀이 주도해 만든 방법이다. 이 방법이 주목받는 이유는 화력발전소 설비를 이용하지 않는다는 점과 이산화탄소를 흡수했다가 분리하는 방법이 간단하기 때문이다.

이산화탄소를 흡수하는 물질은 '아민'이다. 물에 섞어 쓰기 때문에 '습식 아민'이라고 불린다. 1970년대 개발된 '아민'은 석유화학 정유공장에서 부생가스로 발생하는 이산화탄소를 흡수하기 위해 개발됐는데, 1990년대 이후 CCS에 적용되면서 다시 각광받기 시작했다.

원리는 이렇다. 공장을 가동할 때 질소, 산소, 이산화탄소가 나온다. 이때 습식 아민을 사용하여 이산화탄소만을 흡수하고,

한전전력연구원
전력설비를 안정적으로 운영하기 위해 연구개발. 회사의 미래먹거리 창출을 위한 핵심기술 확보, 현장의 기술현안을 해결하는 기관.

아민
암모니아의 수소 원자를 탄화수소기로 치환하여 얻는 화합물을 통틀어 이르는 말.

부생가스
석탄에 열을 가했을 때 부산물로 생성되는 가스로 주로 제철공장, 석유화학공장 등의 공정에서 많이 생성.

스팀
수증기 또는 가열된 수증기.

보령화력에 설치된 10메가와트^{MW}급 습식 CO_2 포집플랜트 전경 1

나머지 질소와 산소는 공기 중으로 배출한다. '습식 아민'에 흡수된 이산화탄소는 높은 열과 압력을 가해 다시 분리시킨다.

보령화력에 설치된 10메가와트^{MW}급 습식 CO_2 포집플랜트 전경 2

이산화탄소를 분리시키는 과정에서 비용을 적게 들여야 이 기술은 경제성을 가질 수 있다. 온도를 올릴수록 거기에 투입되는 발전소 스팀의 열에너지가 많아지기 때문에 이를 낮추는 연구에 촛점을 맞추고 있다. 발전소 터빈은 증기의 압력을 이용해 돌리기 때문에 가급적 증기를 빼앗기지 않아야 발전효율을 높이면서, 이산화탄소를 포집할 수 있다.

한전 전력연구원은 보령 화력발전소에 습식 CCS 설비 시스템을 설치했다. 이산화탄소를 90% 이상 제거하고, 포집된 이산화탄소의 순도가 99% 이상이라는 점이 특징이다.

우리 정부의 '석탄화력발전'을 향한 왜곡된 사랑

화력발전소

우리나라는 석탄발전소 사업에 대한 지원 규모에서 OECD 국가 중 1위다. 2003~2013년까지 석탄발전 사업에 대한 수출신용기관의 지원 규모에서 우리나라가 43억 4,900만달러를 기록해 OECD 국가 가운데 1위를 차지한 것이다.

기업은 이익을 얻기 위해서는 어쩔 수 없다고 하며, 환경단체는 기후변화에 관해 책임 있는 태도가 아니라며, 우리 정부가 겉으로는 환경을 말하면서 정작 이산화탄소 배출에 손놓고 있는 것이라고 비판하고 있다.

2014년 10월과 2015년 3월 각각 열린 OECD 회의에 제출된 문건에 따르면 2013년까지 10년 간 OECD 수출신용기관이 해외 석탄발전 사업에 지원한 금액은 192억 달러에 이른다. 대부분 인도, 베트남, 남아프리카공화국, 인도네시아를 비롯한 개발도상국에서 추진된 석탄화력 건설 사업에 사용되었다.

또 우리나라는 석탄 뿐 아니라 석유, 천연가스 등 화석연료 발전 전반에 걸쳐 1위를 기록했다.

우선 석탄발전만 놓고 보면 우리나라는 43억 4,900만달러를 지원했다. 일본이 그 뒤를 이어 32억 6,900만달러, 독일 20억 4,100만달러, 프랑스 18억 1,900만달러, 미국 17억 2,200만달러 순이었다.

석유발전도 독보적이었다. 우리나라는 14억 달러를 지원했고 프랑스가 11억 7,400만달러, 독일 6억 2,300만달러, 미국 2,400만 달러를 기록했다.

천연가스는 순위가 뒤처져 미국, 독일, 일본에 이어 8억7,300만달러를 기록했다.

우리나라가 화석연료발전 전체에 투자한 총 금액은 66억2,200만달러로 독일과 미국, 일본, 프랑스보다도 앞섰다. 재생에너지 분야에선 우리나라는 투자 실적이 전혀 없었다.

환경운동연합은 거세게 비판했다. 화석연료에 대한 정부 보조금을 철폐해 나가자는 세계적 흐름에 맞춰 한국수출입은행과 한국무역보험공사가 석탄 발전과 탄광 사업에 대한 지원을 중단하겠다는 공식 선언에 나서야 한다고 촉구했다.

그러나 기업들은 주요 지원 대상인 동남아 지역은 아직 환경보호에 대한 인식이 저조하고 구매력이 낮아 석탄화력발전 사업의 최적지라는 입장이다.

한편 국제에너지기구[IEA], OECD 앙헬 구리아 사무총장, 다보스포럼 등이 우리나라에 대해 석탄화력발전에 대한 전환적 사고를 요청하고 있다.

우리 정부는 무엇을 선택해야 할까? 지구촌의 일원으로서 의무는 무엇일까?

우리나라 CCS 사업, 산업부와 미래부, 해수부가 함께

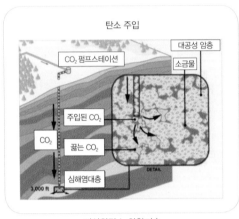

탄소 주입

CO₂ 펌프스테이션

대공성 암층

소금물

주입된 CO₂

CO₂

끓는 CO₂

심해염대층

3,000 ft

DETAIL

이산화탄소 화합기술

CCS는 이산화탄소를 많이 배출하는 곳인 석유화학공장, 철강공장, 시멘트공장, 화력발전소에 적용할 수 있다. 우리 정부는 화력발전소에 먼저 적용하기 위한 기술을 개발하고 있다. 규모가 작은 부분에서는 실증을 끝낸 상태다. 이후 대규모 저장소를 확보하면 2020년까지 실증을 마치고, 전세계 CCS 시장에 진출할 계획이다.

현재 실증을 위한 설비 시스템이 설치된 곳은 보령화력발전소와 하동화력발전소다. 보령화력발전소에는 『콘솔』이라고 불리는 습식 아민 흡수제 방식을, 하동화력발전소에는 건식 흡수제 방식을 설치했다.

국내에 가장 급한 일은 대규모 저장소를 확보하는 것이다. 저장할 장소를 확보해야만 거기에 맞춰 포집할 양과 수송 방법 등을 결정할 수 있다.

2012년 국토교통부와 해양수산부는 울릉분지에 51억 톤 이산화탄소를 저장할 수 있는 가장 좋은 장소를 찾았다고 발표했다. 해양수산부는 울릉분지 외에도 제주분지에 100억 톤, 군산분지에 50억 톤 정도의 이산화탄소를 저장할 수 있다고 밝혔다.

대규모 탐사작업과 시추 등을 통해 가능한지 여부는 따져보아야 한다.

울릉분지
동해 서남부 해저 지형으로 울릉도 남쪽에 위치하고 최대 수심 2000 m 이상의 해저 분지 지형의 지리적 명칭으로, 위도상으로는 북위 36° 52′~37° 22′, 동경 130°~130° 54′에 위치한다.

시추
지각 내부의 여러 지식을 얻기 위하여, 또는 석유·천연가스·온천·지하수 등을 채취하기 위해 지각 속에 구멍을 뚫는 일을 말한다.

함께 해야 기술 발전 가능

현재 우리 정부는 부처별로 CCS 기술을 분야별로 나누어 개발하고, 이 부분을 공유해서 사업을 추진하고 있다.

정부의 국내 CCS 추진 가능 시나리오

산업통상자원부는 CCS 실증 상용화에 나서고 있고, 미래창조과학부는 미래 원천기술을 개발하고 있다. 해양수산부는 해양 저장소 탐사 및 저장소의 설비 기술을, 국토교통부는 땅 속 저장소 설비 기술을 개발하고 있다. 환경부는 이러한 기술을 적용할 때 나타나는 모든 환경적 문제를 모니터링한다.

여러 부처가 머리를 맞대고 찾은 저장소가 포스코 포항제철소 인근 땅 속이다. 규모는 10만 톤이다. 현재 이산화탄소 저장을 위한 설계가 완공됐고, 2016년에는 실제 이산화탄소를 그 안에 넣을 계획이다.

또 수송을 위해 산업부는 이산화탄소 수송선을 확보하고, 1차 수송망 설계를 마쳤다. 이산화탄소 전용 수송선이 필요한 이유는 CCS 저장소가 크면 파이프라인 설치 단가가 낮아지지만, 저장소가 크지 않으면 파이프라인 비용이 많이 들기 때문이다. CCS 저장소의 크기가 중간 규모라면 파이프라인을 설치하기 보다는 수송선을 이용하는 편이 비용이 적게 든다.

원천기술
근원이 되는 기술.

파이프라인
석유의 원유 혹은 제품, 천연 가스 등을 파이프 수송하기 위한 설비로, 육상은 물론 해저에서도 사용된다.

CCS 외에도 CCU도 있어요

CCS가 단순한 저장이라고 한다면, CCU는 '전환'이다. 이산화탄소를 저장하는 대신 이산화탄소를 이용해 각종 화학물질을 생산한다. CCU는 저장이라는 말 대신 이용이라는 뜻을 지닌 Utility의 'U'를 사용한다. 이산화탄소를 이용한다는 뜻이다.

제철기업인 포스코는 이산화탄소를 포집해 액체로 만들어 활용하는 기술을 개발했으며, 한국지역난방공사는 미세조류에 이산화탄소를 공급해 부가가치가 높은 물질로 바꾸는 기술을 연구 중이다. 또 이산화탄소를 폴리머 플라스틱으로 전환하는 기술도 개발되었다. 이산화탄소를 탄산염으로 전환해 연간 1,200톤을 토목 자재용으로 공급할 수도 있다.

사람의 생활을 더욱 편리하고 윤택하게 만든 산업혁명은, 지구의 생명체를 위협하는 이산화탄소를 낳았다. 산업혁명 당시의 기술과는 달리 현재의 CCS와 CCU기술은 절박함을 띠고 있다. 지구온난화로 생물다양성이 위협받고 있으며, 각종 재난재해가 일상화되고 있기 때문이다. 과학자들의 분투에 응원의 목소리를 보탠다.

한국지역난방공사
1972년 설립된 산업통상자원부 산하 공기업. 특정 지역에 열과 난방을 공급하는 설비를 제조하고, 공급하는 회사.

미세조류
광합성 색소를 가지고 광합성을 하는 단세포생물들에 대한 통칭. 식물플랑크톤이라고도 함.

폴리머
한 종류 또는 수 종류의 구성 단위가 서로에게 많은 수의 화학결합으로 중합되어 연결되어 있는 분자로 되어 있는 화합물.

탄산염
이산화탄소와 금속 산화물로 되어 있는 염.

CO_2 먹는
화학기술

온실기체 저감을 위한 화학자들의 노력

지구의 운명은 어떻게 될까, 우주를 다룬 영화『인터스텔라』,『그래비티』, 그리고『마션』등 이들 영화 세 편에는 공통점이 있다. 인류의 생존은 '과학자들의 손'에 달려 있음을 알 수 있다. 특히 화학자들은 지구 내부 뿐 아니라 우주에 존재하는 온갖 화학물과 원리를 연구하고, 그것을 바탕으로 인류 생존의 길을 찾고 있다.

숲 역할을 하는 미래 공장

2025년 봄, 한 동네에 암모니아 공장이 만들어질 예정이다. 주민들은 친환경시설이 들어서게 되었다며, 환영 행사를 준비하느라고 한창이다. 암모니아 공장이 들어서면 동네 공기도 깨끗해지기 때문에 건강도 좋아질 것이라고 얘기한다. 이 화학공장의 원료로는 공기 중에 풍부하게 존재하는 질소, 이산화탄소, 물을 사용한다. 주민들은 태양광 발전의 전기를 사고, 이를 이용해 혼합물을 전기 분해한다. 생산된 암모니아는 해로움이 없는 상태로 바꿔서 내보낸다. 특히 주목할 것은 공기 중에 있는 이산화탄소를 이용해 암모니아를 만든다는 것이다. 그야말로 숲처럼 이산화탄소를 빨아들이는 역할을 하는 셈이다.

부산물인 일산화탄소와 수소도 따로 모아 팔거나 사용한다. 일산화탄소는 1톤에 132만 원씩이나 하는 필수 화학물질이기 때문에 팔 곳도 많다. 수소는 암모니아 공장 옆에 설치된 수소 연료전지차 충전소로 보내져 마을사람들에게 무료로 제공된다.

이런 가상의 시나리오를 현실로 만드는 주인공은 바로 '화학자'다. 화학자들은 공기 중에 해를 주는 가스 중 탄소만 분리하여 다른 화학물을 만들 때 사용하거나, 다른 에너지원을 만드는 데 이용한다. 그것을 『일렉트로퓨얼』과 『C1가스 리파이너리』라고 한다.

'석유만 바라보지 말자'
화학자들의 열정과 노력

당
달콤하고 무색인 여러 가지 수용성 혼합물. 종자식물의 수액과 포유동물의 젖에 들어 있으며 탄수화물을 이루는 가장 기초적인 토대로 이루어져 있음.

　석유는 동식물의 사체가 상상할 수 없는 시간을 지나는 동안 썩어서 만들어진 검은 액체다. 그래서 화석연료라 한다. 석유는 단순히 자동차를 움직이는 연료가 아니다. 현대인의 모든 생활 속에는 '석유'가 있다. 석유 안에 있는 불순물을 제거하고 가공해 다른 화학물과 합쳐 만든 것을 석유화학물이라고 한다. 플라스틱, 나일론 등으로 만든 식기, 옷, 페인트 인조고무, 세제 등 셀 수 없는 생활용품들이 모두 석유화학물이다.

　우리 생활에 유용한 석유는 큰 문제를 불러일으키도 한다. 석유를 태우면 지구 온난화의 주 원인이 되는 온실기체, 즉 이산화탄소CO_2가 발생된다. 게다가 석유값이 주로 중동에 위치한 산유국과 석유대기업 마음대로 정해지다 보니 연료와 화학물질의 가격도 들쑥날쑥하다.

화학자들의 고민의 시작

　　　　　　　　'석유를 사용하지 않고 연료와 화학물질을 만들 수는 없을까?'

우드칩
건축용 목재로 사용하지
못하는 뿌리와 가지 등을
분리해낸 뒤 연소하기 쉬
운 칩 형태로 잘게 만들어
열병합발전 원료로 사용
하는 것.

세계2차대전
1936-1945년 치러진 인
류역사상 가장 많은 인명
피해와 재산 피해를 남긴
전쟁.

냉각제
무언가를 차게 식히려고
사용하는 물질. 열을 낮춤.

화학자들이 먼저 생각한 방법은 숲의 나무를 베고 남은 우드칩이나 바다의 해조류에서 생산한 당을 미생물에게 먹여 필요한 화학물질을 얻는 것이었다. 또 미생물이 없다면 이산화탄소를 섞은 물을 전기로 분해하여 수소와 일산화탄소를 얻어, 이를 이용해 필요한 화학물질을 만드는 방법도 생각했다. 한 발 더 나아가 탄소와 수소, 산소 뿐만 아니라 질소도 반응시켜 더욱 복잡한 구조의 화합물도 만들어 내기 시작했다.

실제 이러한 노력들이 좋은 결과를 낸다면 지금까지 유독물질로 취급받던 암모니아와 같은 화학물질을 친환경적으로 제조해 사용할 수 있게 된다.

다시 암모니아^{NH_3}를 보자. 오줌에 섞여 나와 지독한 냄새를 유발하기도 하는 암모니아는 때에 따라 비료도 되고, 폭약으로도 사용할 수 있으며, 물도 얼릴 수 있는 화학물질이다.

독일은 세계 2차 대전 때 암모니아비료 공장의 암모니아를 이용해 폭약을 제조하기도 했다.

최근 암모니아를 가장 쉽게 접할 수 있는 건 냉각제다. 주위의 열을 뺏는 성질이 있기 때문이다.

우리나라의 경우 암모니아를 대부분 수입하고 있으며, 전 세계적으로 연간 2억 톤이 사용되고 있다. 이를 돈으로 환산하면 30조 원에 달한다. 우리의 경우도 연간 6,600억원 가량의 암모니아 양이 필요하다. 친환경적인 공정으로 암모니아를 만든다면, 환경적 이익과 함께 경제적으로도 큰 이익을 볼 수 있을 것이다.

곡물, 나무, 해조류 속 '좋은 화학물질들'

화학자가 가장 먼저 관찰의 대상으로 삼은 것은 1세대 바이오매스라고 불리는 콩, 옥수수 등 곡물이었다. 이들을 이루는 화학물질을 서로 떼어내고 합성하여, 필요한 물질을 얻기 위해 분해 효소를 사용했다. 그 방법으로 콩과 옥수수에서 바이오 에탄올을 추출했다. 대성공이었다.

우크라이나의 흑토, 러시아 대평원, 북미 곡창지대에서 쏟아져 나오는 옥수수, 밀, 콩은 바이오 에탄올이 등장하기 전엔 사용하고 남으면 버려지는 폐기물이었다. 워낙 생산량이 많아 시장에 내놓으면 곡물 가격의 폭락을 불러오기 때문에 농민들은

바이오매스
식물과 미생물의 광합성 작용에 의해 생성되는 식물군. 균체와 이를 먹고 살아가는 동물체를 포함하는 생물 유기체의 총량.

바이오 에탄올
바이오 연료란 식물 재료와 동물 배설물 같은 생물량에서 얻을 수 있는 연료.

신재생에너지
연료혼합 의무화제도
(RFS)
온실기체 감축 및 화석연
료 고갈을 대비해 수송용
연료로 사용하는 화석 연
료에 일정 비율의 바이오
에탄올이나 바이오 디젤
을 섞어 공급하도록 의무
화한 제도.

경유
원유를 분별증류하여
얻는 끓는점의 범위가
250~350℃인 석유. 경유
는 도시가스의 열량을 높
이는 데에 사용되기도 하
는데, 그래서 가스 오일이
라고 하기도 한다. 또 디젤
엔진의 연료로 쓰이고 있
어 디젤 오일이라고 함.

바이오디젤
콩기름 등의 식물성 기름
을 원료로 해서 만든 바이
오연료. 바이오에탄올과
함께 가장 널리 사용됨.

울며 겨자 먹기로 남아도는 곡물들을 버려야만 했
다. 남는 곡물을 이용한 바이오에탄올 생산은 농
민들에게는 희소식이었다.

하지만 일부 기업인들이 오로지 돈만 벌기 위해
이 사업에 뛰어들었다. 가을 추수를 예상하고 이
른 봄에 후진국의 식량으로 사용할 곡물을 자라기
전에 미리 사들이는 입도선매의 방식으로 모든 물
량을 점유하기 시작했다. 정작 가을이 되자 이들
후진국 농민들에게 남는 곡식은 없었다. 약간의
식량과 바싹 말라버린 진흙 뿐이었다. 남태평양의
어느 섬나라 원주민들은 진흙으로 경단을 만들어
배를 채우기까지 했다.

점차 발전하는 바이오매스 이용법

곡물을 이용한 방법이 1세대 바이오
매스라고 한다면, 베어낸 나무와 톱밥, 볏집과 갈대 등을 활용
한 것은 2세대 바이오매스라고 부른다. 만드는 방법은 1세대와
같다. 그런데 생산량에 한계가 있어, 멀쩡한 숲을 베어내는 폐
단이 벌어졌다.

많은 국가들이 신재생에너지 연료혼합 의무화제도[RFS]를 추

진하고 있다. 우리나라도 경유에 대한 바이오디젤 혼합비율을 2015년 2.5% 늘렸으며, 2018년 3%까지 확대할 계획이다. 현재 우리나라는 바이오디젤 부분만 신재생에너지 연료혼합 의무화 제도RFS를 추진하고 있다. 바이오에탄올의 경우 콩과 옥수수 등이 연료로 사용되기 때문에 전량 외국에서 수입해야 하기 때문이다. 바이오디젤은 폐식용유, 팜유가 주 원료로, 이 역시 44%를 외국에서 수입하고 있다.

신재생에너지 연료혼합 의무화제도^{RFS}에 있어서도 역시 앞서가는 유럽!

신재생에너지 연료혼합 의무화제도^{RFS}에 있어서도 역시 앞서가는 곳은 유럽이다.

EU는 신재생에너지 지침에서 신재생에너지 연료를 혼합해 사용하는 것을 의무로 하고 있으며, 그 비율을 2020년까지 10%로 올릴 계획이다. 현재 각국이 최대 바이오디젤에 있어 혼합의무비율을 7%까지 의무화를 하고 있다.

미국은 주로 가솔린을 사용하기 때문에 가솔린을 주원료로 하는 바이오에탄올에서 이 제도를 적용하고 있다. 각 주 별로 상황은 다르지만 바이오에탄올에서 5~10% 혼합비율을 유지하고 있다. 메사추세츠주가 5%, 미네소타와 미주리주가 10%다.

일본은 2020년 바이오에탄올에서 3%를 적용하는 것으로 신재생에너지 연료혼합 의무화제도^{RFS}를 도입하는 것을 추진하고 있다. 현재 오키나와 등 일부 지역에서 바이오에탄올 3% 혼합비율을 적용, 시범적으로 보급하고 있다.

각국의 바이오에탄올 혼합의무비율

일부 기업가들은 신재생에너지 연료혼합 의무화 제도RFS와 같은 정책의 본뜻은 잊은 채 오로지 돈벌이로만 바라보았다. 해마다 혼합비율이 높아지니 바이오에너지를 돈을 벌어들일 대상으로만 바라보는 것이다.

화학자들은 기업가들로 인해 숲이 사라지는 것을 두고 볼 수가 없었다. 그래서 다시 찾아낸 것이 3세대 바이오매스로 불리는 해조류다. 바다가 넓기 때문에 해조류를 키우는데 공간적 제한을 받지 않으며, 이전보다 더 많은 양의 연료를 생산할 수 있을 것이라고 여겼다. 2000년대 말부터 해조류 바이오매스를 길렀고, 여기에서 바이오부탄올이라는 물질을 추출했다. 바이오부탄올은 바이오에탄올보다 가솔린에 더 가까운 분자구조를 지니고 있어, 효능이 더 높다. 해조류를 특수 박테리아로 분해한다는 점에서도 1·2세대 바이오매스와는 차이가 있다.

바이오매스, 연료에서 화학물질로

바이오매스는 단순히 연료로만 사용되는 것은 아니다. 미국우주항공국인 NASA는 지구 궤도에 떠있는

해조류
해수에 서식하는 광합성 식물. 현재 인간이 이용하는 해조류의 종류는 약 500여 종에 이름. 다시마, 미역, 김, 우뭇가사리 등이 해당.

바이오부탄올
바이오디젤, 바이오에탄올과 함께 3대 바이오 에너지로 불림. 기존 바이오 연료와 달리 엔진을 개조하지 않아도 차량용 연료로 사용할 수 있고 페인트, 잉크, 접착제 등 다용도로 활용할 수 있는 화학 소재.

분자
고유한 특성을 가지고 하나의 단위로 작용할 수 있는 원자들의 결합체.

분자구조
특정 분자를 이루는 원자들의 공간상에서의 분포를 분자구조라고 한다. 분자의 구조는 분자의 성질을 결정짓는 중요한 요소임.

우주정거장에서 해조류를 이용해 각종 화학물질을 생산하는 연구를 진행했다. 우리나라도 2009년 농림축산식품부를 중심으로 해조류 바이오매스를 이용한 연료와 화학물질 생산연구를 시작했고, 석유기업인 GS칼텍스는 바이오부탄올을 대량으로 생산하고 있다.

국제에너지기구[IEA]는 2020년엔 바이오에탄올과 바이오부탄올 등의 수요가 4,000만 톤에 이를 것이라고 전망했다. 이 가운데 상당부분을 바이오부탄올이 차지하게 될 것이다.

당분이나 효소 대신 전기를 이용해요, 일렉트로퓨얼!

바이오매스를 이용해 연료와 화학물질을 얻는 작업은 분명 획기적인 일이다.

버려진 자원을 재활용해 유용한 물질로 바꿔 사용하는 일은 경제적으로도 이득일 뿐만 아니라 지구 자원을 이용하고 환경을 가꾼다는 측면에서도 가치가 있다. 그런데 가치있는 일이라고 반드

시 추진되진 않는다. 사람들은 산업적·경제적 이익도 고려하게
된다. 바이오매스를 소재로 하는 연료와 화학물질을 많이 사용하
게 되자 사람들은 바이오매스의 한계를 걱정하기 시작했다.

여기서 화학자들의 상상은 또 다시 꿈틀댄다.

'바이오매스를 이용하지 않는다면?'

이런 상상력으로 만들어진 것이 일렉트로퓨얼, 일렉트로케미칼,
인공광합성 등이다.

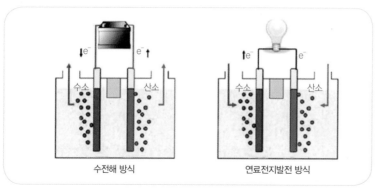

〈화학자들의 상상이 빚어낸 새로운 기술〉
이산화탄소를 녹인 물에 전기충격을 가하면 일산화탄소와 수소가 생성된다.
이를 다시 가공하면 개미산 등을 만들 수 있다. 수전해는 연료전지(오른쪽)와 반대이다.
연료전지는 수소를 주입하면 물과 전기가 생성된다. 〈출처: 한국과학기술원〉

일렉트로퓨얼 = 일렉트로닉Electronic + 퓨얼Fuel

일렉트로퓨얼은 전기라는 뜻의 일렉
트로닉Electronic과 연료라는 뜻의 퓨얼fuel이 합쳐진 단어이다. 뜻 그

대로 전기를 이용해 에너지를 생산하는 것을 말한다. 바이오매스를 이용하지 않는 것이 기존의 바이오에너지와 다른 점이다.

바이오에너지를 얻는 전통적인 방법은 당분에 있는 탄소와 태양광을 이용하는 것이다. 화학자들은 당분을 사용하지 않는 방법을 찾기 위해서 노력했고, 결국 당분이 아닌 전기를 사용하는 방법을 알아냈다. 미생물 먹이로 당분 대신 전기를 주는 것이다. 바이오매스에서 당을 추출해서 미생물이 당을 분해할 때까지는 많은 시간이 걸린다. 대신에 전기를 이용해 바이오에너지를 만들면 시간을 대폭 단축할 수 있어서 더욱 경제적이다.

특히 이 방법이 주목받는 데는 몇 가지 이유가 있다. 먼저 태양광이 없어도 바이오에너지를 얻을 수 있다는 점이다. 또 대량의 바이오매스가 없어도 미생물만으로도 에너지를 만들 수가 있다. 바이오매스를 이동시키는 시간도 줄어 더욱 환경 친화적이다.

전기분해를 이용하는 일렉트로케미칼Electrocemical

에너지 뿐 아니라 미생물 없이 필요한 화학물질을 생산하는 방법도 개발했다. 이를 전기와 화학을 합친 용어인 일렉트로케미칼이라고 부른다. 이산화탄소를 물에 녹인 후 전기

당
달콤하고 무색인 여러 가지 수용성 혼합물. 종자식물의 수액과 포유동물의 젖에 들어 있으며 탄수화물을 이루는 가장 기초적인 토대로 이루어져 있음.

전기분해
줄여서 전해라고도 함. 전해질물에 녹았을 때 그 수용액이 전기를 통하는 물질) 수용액에 2개의 전극을 꽂고 직류 전류를 흘려보낼 때, 2가지 이상의 성분 물질로 나누어지는 화학 변화.

분해해 수소와 일산화탄소를 만드는 방법이다. 일산화탄소는 톤 당 130여만 원이나 하는 아주 비싼 기체로 화학물질을 만드는 필수 원료이다.

원리는 이렇다. 물을 전기분해하는 방법을 수전해라고 부르는데, 물은 전기 충격을 받으면 산소와 수소로 분해된다. 만약 물에 이산화탄소를 녹여 전기 분해한다면 이산화탄소CO_2도 전기 충격으로 깨져 산소 원자 하나를 잃고, 일산화탄소CO가 된다.

이때 발생하는 수소와 일산화탄소를 합성가스라고 부른다. 이 합성가스를 한데 묶으면 개미산$HCOOH$이 된다. 개미산은 탄소, 수소, 산소의 분자구조로 이루어진 화합물이다. 이 개미산에 탄소와 수소 등을 덧붙이면 보다 복잡한 화학물질을 만들 수 있다.

태양을 흡수한 광전극 기술을 이용하는 인공광합성

화학물질을 만드는 또 다른 방법으로는 인공광합성이 있다. 식물은 잎에서 이산화탄소를 흡수하고, 햇빛을 받아들여 당분을 만든다. 이를 광합성이라 한다. 과학자들은 나뭇잎처럼 햇빛과 이산화탄소, 물을 이용해 화학산업 원료로 사용되는 탄소화합물을 생산하기 시작했다.

과학자들이 최근 개발한 인공광합성은 효율이 나뭇잎보다 좋다.

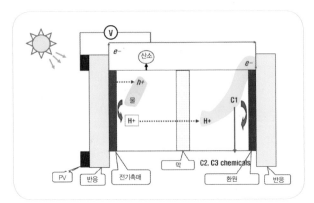

인공광합성의 진행과정 〈출처: 안병권 교수〉

효율이 계속 높아지면 공장에서 인공광합성을
이용해 본격적으로 화학물질을 생산하는 시대가
올 것이다.

인공광합성 기술엔 태양광을 흡수해 전자를 만
드는 광전극 기술과 물을 분해해 수소 이온을 생
산하는 촉매 기술, 이산화탄소를 유용한 화합물
로 바꾸는 촉매 기술 등 여러 기술이 필요하다. 특
히 다양한 촉매를 사용해 일산화탄소 뿐만 아니라 개미산도 생
산할 수 있다. 금이나 은을 사용한 촉매는 물 속의 이산화탄소
를 일산화탄소로 전환시키고 비스무트^{Bi} 촉매는 개미산을 생산
한다.

나뭇잎의 광합성 효율은 1%다. 현재 인공광합성의 효율은

4.3% 수준으로 자연광합성보다 3.3%나 높다. 10%대 효율이면 100㎢ 면적에서 하루 6시간씩 가동해 1년에 일산화탄소 800만 톤을 생산할 수 있다.

인공광합성 기술은 현재 합성가스를 생산하는 수준이지만 여기에 질소를 가하면 질소와 수소로 이루어진 기체인 암모니아 NH_3도 얻을 수 있어 전망이 밝다.

셰일가스와 함께 주목받아요, 'C1가스'

인류는 석유를 이용해 연료와 화학물질을 만들었다. 생활은 편리해졌다. 일렉트로퓨얼·일렉트로케미칼·인공광합성은 석유를 쓰지 않고도 필요한 연료와 화학물질을 생산하는 방법이다. 탄소를 배출하지 않아 환경에는 도움이 되지만 아직 연구가 시작 단계이다. 공정에 드는 비용이 석유를 사용하는 것보다 비싸기 때문이다. 본격적으로 온실기체를 줄이는 산업의 역할을 하기까지는 시간이 더 필요하다. 그렇다면 당장 우리는 기후변화에 대응하고, 온실기체를 낮추기 위해 무엇을 해야 할까?

그 방법의 하나로 세계가 C1을 주목하고 있다. 석유 뿐 아니

쉘(Shell)
석유, 천연가스, 석유화학 제품 등의 브랜드. 다국적 기업 '로열 더치 셸 피엘 시가 소유하고 있으며 본사는 네덜란드의 헤이그에 있음.

제조업
각종 원료를 가공·제조하는 공업.

라 셰일가스에 포함된 화합물에서 C1을 뽑아 활용하는 것이다. 단순한 활용이 아니라 온실기체를 줄이는 획기적인 방법이기도 하다. 이 생각이 더욱 의미를 가지게 된 배경에는 셰일가스의 등장이 있었다.

최근 미국에서 셰일가스 붐이 일고 있다. 특히 북미지역은 셰일가스가 풍부하게 매장되어 있고, 셰일가스를 뽑아내는 생산비용을 줄일 수 있어서 싼 가격에 천연가스를 공급할 수 있게 되었다. 대형 석유회사였던 셸^{Shell}이 셰일가스 시장에 들어오면서, 셰일가스를 이용한 산업은 더욱 발전될 전망이다.

셰일가스는 어려움을 겪고 있었던 미국 경제, 특히 제조업의 희망이 되고 있다. 셰일가스가 대량 생산되면서 천연가스 가격이 낮아지고, 셰일가스에서 메탄과 에탄 등을 분리해 생산하는 석유화학 산업이 모처럼만에 활력을 얻고 있다. 미국 정부와 연구기관은 다양한 화학산업을 함께 추진하고 있다.

우리도 미래창조과학부 주도로 메탄가스와 일산화탄소에서 C1 가스를 포집하는 기술을 개발하고 있다.

셰일가스가 무엇이에요?

셰일가스는 땅 속 진흙질 지층에 존재하는 천연가스다.

셰일가스가 개발되기 전까진 천연가스^{LNG}는 석유와 함께 고여 있는 층에서 뽑아내거나 아니면 천연가스만 고여있는 지층을 시추하여 뽑아냈다.

셰일가스도 천연가스의 한 종류이기 때문에 구성분자와 원소는 일반 천연가스와 같다. 기본적으로 탄소 · 질소 · 산소 등으로 이뤄져 있고 메탄 등이 함유돼 있다. 다만 석유와 달리 진흙층에 묻혀 있기 때문에 뽑아낼 때 다른 방법을 쓸 뿐이다.

셰일가스를 뽑아내기 위해서는 셰일가스가 묻어 있는 진흙질의 지층을 깨서 가스를 한 곳으로 모은 후 뽑아야 한다. 지층을 깨는데 특수한 화학물질을 섞은 물의 압력을 이용한다. 이를 수압파쇄라 한다.

이 물로 인해 환경이 오염될 수 있다는 단점이 있다. 실제로 화학물질로 오염된 물이 지하수에 흘러들어가 우물이 못쓰게 되기도 한다.

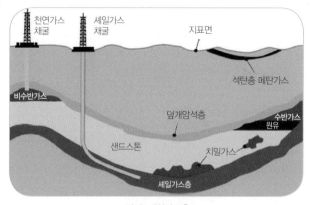

땅 속 셰일가스층

메탄과 일산화탄소를 화학물질로, C1가스 리파이너리

메탄(CH₄)
천연가스의 주성분으로 음식물 쓰레기가 부패할 때나 소나 닭과 같은 가축의 배설물 등에서 발생하는 온실기체. 지구온난화에 끼치는 영향은 이산화탄소에 이어 두 번째(15~20%)로 높음.

부생가스
석탄에 열을 가했을 때 부산물로 생성되는 가스로 주로 제철공장, 석유화학공장 등의 공정에서 많이 생성.

셰일가스엔 다량의 메탄^{CH_4}이 포함돼 있다. 그리고 제철소에선 다량의 부생가스가 생겨나는데, 부생가스엔 수소 뿐만 아니라 일산화탄소도 많이 포함되어 있다. 수분함량이 높아 버려지는 석탄도 많다. 이 석탄은 열을 전달하는 효율이 낮아 바로 쓰지 못한다. 여기에 뜨거운 수증기를 뿜어 가열시키면 수소와 이산화탄소를 얻을 수 있다.

메탄은 플라스틱과 고무 등 각종 생활용품과 산업기자재를 만드는데 꼭 필요한 원료이다. 일산화탄소는 중독성이 강하지만 산업적으로 가치가 높고, 가격이 상당히 비싸다.

온실기체의 주범이자 생활적, 경제적 가치도 지니고 있는 메탄과 일산화탄소, 이들을 처리하는 방법 중 하나가 'C1가스 리파이너리'다. 'C1가스'는 뜻 그대로 탄소 원자가 단 하나인 기체를 말한다. 이산화탄소, 메탄, 일산화탄소는 모두 'C1가스'가 하나다. 리파이너리^{refinery}는 우리말로 정유, 정제라는 뜻이다. 즉 C1가스 리파이너리는 C1을 하나 품고 있는 가스들 중에서 다른 가스들을 제거해서 C1가스만 뽑아낸다는 의미이다.

메탄포집기술로 C1을 얻어라

먼저 메탄 포집 기술이다. 석유화학공장, 음식물 등에서는 매년 728만 톤이나 되는 메탄가스가 발생한다. 그런데 거기엔 이산화탄소도 발생하기 때문에 화학원료로 사용되는 메탄가스를 추출하기 위해서는 특별한 방법이 있어야 한다. 혼합 가스에서 이산화탄소만을 흡착하는 방법을 사용해 메탄을 분리해서 얻어야 한다. 이후 이산화탄소를 다시 분리하면, 산소는 공기 중으로 사라지고, 혼자 남은 C1가스만을 모을 수 있다.

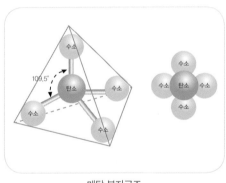

메탄 분자구조

또 남겨진 메탄을 이용해서도 탄소 한 개인 C1가스와 수소 두 개를 얻을 수 있다. 알다시피 탄소는 화학물질을 만드는데 없어서는 안될 재료이며, 수소는 최고의 친환경 청정 에너지로 수소차, 연료전지발전소 등의 연료로 사용된다.

메탄은 그 자체에서도, 메탄에서 발생하는 이산화탄소에서도 C1 가스를 얻을 수 있다.

일산화탄소에서 C1을 얻어라

철을 제조할 때 부생가스가 나온다. 그 속에는 일산화탄소가 포함되어 있다. 우리나라에서 발생하는 일산화탄소 양은 매년 2,167만 톤이나 된다. 1톤 트럭을 생각하면 어마어마한 양임을 알 수 있다.

부생가스는 태워 전기를 얻는 발전 과정에서 사용할 수 있다. 그 과정에서 일산화탄소는 이산화탄소로 바뀌어, 대기 중으로 방출된다. 이를 막고, 화학소재가 되는 C1가스를 얻기 위해, CO만을 선택해 처리하는 분리막 기술을 개발해 사용한다.

분리막 기술은 흡착제 또는 흡수제를 사용한다. 흡착제는 특정한 기체를 고체 형태로 포집하기 위해서 사용하며, 액체 형태의 용매를 이용해 특정 기체를 포집하고자 할 때 흡수제를 사용한다. 이 두 가지 방법 중 적당한 것을 선택해 반복적으로 사용하면 원하는 가스를 선택해 분리하고, 얻어낼 수 있다.

C1가스를 얻기 위해서 지금까지는 1000도℃의 높은 온도와 높은 압력이 필요했다. 당연히 많은 에너지가 필요하고, 많은 돈을 들여야 한다. 이제는 기술이 발달해서 낮은 온도와 낮은 압력으로도 C1가스를 추출할 수 있는 방식이 개발되었다. 최근 천연 가스에서 연료와 화학제품을 생산하는 미국의 한 기업은

분리막
질소와 산소를 분리하거나, 수소와 일산화 탄소를 분리하는 것처럼, 특정한 기체를 분리하는 막.

융복합
여러 기술이나 성능이 하나로 융합되거나 합쳐지는 일. 융복합 원천기술은 이런 일을 바탕으로 해서 원천이 되는 기술을 만들겠다는 의미.

온도를 1000도℃에서 약 400도℃까지 낮추는데 성공했다.

　우리나라도 C1가스 리파이너리의 중요성을 인식하고 있다. 2015년부터 9년 간 1,415억 원을 투입해 원천기술을 개발할 계획이다.

　미래창조과학부는 서강대학교 화학공학과 이진원 교수를 중심으로 『C1가스 리파이너리 사업단』을 꾸려, 바이오와 화학의 융복합 원천기술을 이용해 C1가스를 직접 전환하는 방식과 저온저압 기술을 개발하기 위해 박차를 가하고 있다.

　C1가스 리파이너리 기술을 적용해 석탄과 천연가스 등으로부터 유용한 가스를 얻고, 지구 환경을 오염시키는 메탄, 이산화탄소와 일산화탄소 등의 배출을 낮출 수 있다.

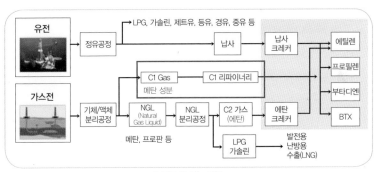

C1가스를 얻는 과정

　이 연구는 어떤 한 분야를 전공한 유능한 과학자의 획기적인 기술만으로는 불가능하다. 생물학자와 화학자 간의 긴밀한 협력이 있어야만 한다. 과학조차 혼자서 설 수 없는 시대가 되어가고 있는 것이다.

금속을 먹고 사는 미생물도 있어요

『메탈로스페라 세둘라』가 황동석에서
에너지를 뽑아내는 모습의 전/후

햇빛이 닿지 않는 깊은 바다에 살며 금속을 먹이삼아 살아가는 미생물이 있다.

『메탈로스페라 세둘라』라는 라틴어 이름을 가진 이 미생물은 심해 열수공 주위에서 살며 황동석과 이산화탄소에서 에너지를 얻는다.

심해 열수공은 바닷 속 깊은 곳에서 용암으로 데워진 물을 분출하는 구멍이다. 깊은 바다도 땅 위와 마찬가지로 화산 활동이 왕성한 곳이 있다. 화산 속 용암은 가끔 해저 지면으로 나와 물을 데우고 작은 구멍을 통해 뿜어 낸다. 넘치면 용암이 직접 나오기도 한다.

용암은 바위가 녹은 것으로 철, 구리, 니켈, 망간, 황 등 갖가지 금속을 포함한다. 심해 열수공 주위는 보통 평범한 생물이 살 수 없는 유독한 환경이다.

게다가 깊은 바다 속이니 햇빛이 닿기를 기대할 수도 없다. 단지 뜨거운 물과 독성을 지닌 자욱한 미네랄 안개와 한치 앞을 내다볼 수 없는 어둠만이 있을 뿐이다.

그런데 메탈로스페라 세듈라는 이런 환경에서 살아남는 방법을 익혔다.

황화 금속을 산화시켜 세포 활동에 필요한 전자와 에너지를 얻는다고 한다. 부산물로는 구리, 산화 철, 황을 만든다.

과학자들은 메탈로스페라 세듈라를 연구해 부산물로부터 부탄올을 만드는 데 성공했다.

Part 4
에너지효율을 위해
에너지를 쌓아라

에너지저장
첫번째 이야기

에너지를
쌓아라

『에너지저장장치』는 에너지은행

사람들은 돈이 남을 때 저금통이나 은행에 저축해 뒀다가 필요할 때 찾아 쓴다. 전기도 돈처럼 저축해 뒀다가 사용할 수 있을까? 물론 가능하다. 돈처럼 평소 필요한 에너지만 쓰고, 남은 에너지는 모아두었다가 필요할 때 꺼내쓸 수 있는 시스템이 있다. 이 때 에너지를 담는 통장을 『에너지저장장치』라고 한다. 에너지저장장치를 흔히 영어 첫글자를 빌어 ESS^{Energy Storage System}라고 부른다.

우리가 많이 사용하는 건전지가 바로 『에너지저장장치』이다. 문방구나 슈퍼마켓에서 구입하는 건전지는 크기에 따라 시계나 카메라, 손전등에 넣어 쓸 수 있다. 그런데 에너지저장장치에는 흔히 사용하는 이런 건전지만 있는 건 아니다.

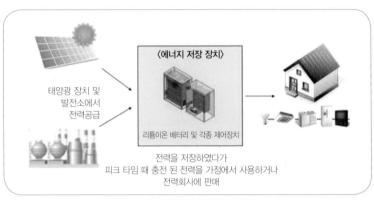

에너지저장장치의 기능

에너지저장장치는 크게 『기계식 에너지저장장치』와 『전기 저장 장치』로 나뉜다.

기계식 에너지저장장치는 기계를 이용하여 에너지를 저장하는 방식이다. 양수발전, 압축공기저장장치CAES, 플라이휠 등이 해당된다. 남는 전기를 물, 공기, 회전력 등으로 저장했다가 필요할 때 그 힘을 이용해서 전기를 생산해 쓴다.

전기 저장장치에는 일차전지와 이차전지가 있으며, 우리는 이차전지를 에너지저장장치라고 부른다.

먼저 양수발전을 보자. 양수揚水*라는 뜻은 '물을 위로 퍼 올린다'는 뜻이며, 『양수발전』은 '물을 퍼올려 발전한다'는 뜻이다. 양수발전은 수력발전의 하나로 높이 차이가 크게 나는 두 개의 저수지를 이용하

일차전지
한 번만 사용할 수 있는 전지

이차전지
사용하고 또 다시 충전해 사용할 수 있는 전지

여 발전하는 방식이다. 전력이 남을 때는 남는 전기를 이용하여 아래쪽 저수지의 물을 위쪽 저수지로 퍼 올려 저장해 놓는다. 전기가 필요할 때 높은 저수지에서 낮은 저수지로 물을 흘려보내고, 흐르는 물의 힘을 이용하여 터빈을 돌려 전기를 생산한다. 단점은 물이 있는 곳에만 설치할 수 있다는 것이다.

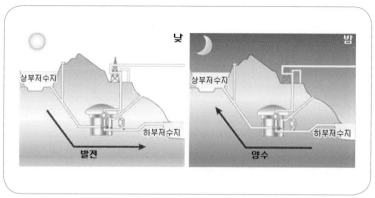

양수발전의 원리

양수발전의 이러한 단점을 보완하기 위해 만들어 낸 기계식 저장장치가 있다. 압축공기저장장치는 공기를 한껏 압축했다가 좁은 공간에 내뿜어 발전기를 돌려 전기를 생산한다. 플라이휠 에너지 저장장치는 남는 전기에너지를 플라이휠의 회전 운동에너지로 저장하고, 필요할 때 전기를 만드는 저장장치이다.

『전기 저장장치』가 주류

　현재 에너지저장장치 중 대세를 이루는 건 전기 저장장치다. 애초 먼저 개발되었던 기계식 에너지저장장치를 밀어내고, 에너지저장장치의 왕관을 차지했다. 에너지저장장치를 가장 많이 사용하는 북미 뿐 아니라 우리나라 등 모든 나라의 관련 정부 연구과제도 대부분 여기 집중되고 있다. 큰 돈이 들고, 큰 부지가 필요한 기계식 저장장치에 비해 효율성이 높고 돈도 적게 들기 때문이다. 또한 전기 저장장치는 사람들이 쉽게 에너지저장장치를 사용할 수 있도록 해준다. 그래서 이차전지를 ESS의 꽃이라고 부른다.

　가장 흔히 사용하는 리튬을 소재로 하는 리튬이온전지는 5년에서 10여 년간 반복해서 사용할 수 있어 쓰임새가 매우 높다. 스마트폰과 노트북 등 IT용 전지시장, 전기차 사업 등이 확대되면서 이차전지는 더욱 주목받고 있다. 이차전지에는 리튬이온 전지 외에도 주요 소재에 따라 황나트륨 전지, 레독스흐름 전지 등이 있다.

　그렇다면 에너지저장장치는 단순히 에너지를 저장하는 일에만 쓰이는 것일까? 에너지 저장장치는 여러 용도로 사용되는데, 그 중 눈여겨 볼 쓰임새가 '주파수 조정용 보조 서비스'다.

주파수
주파수란 보통 1초당 한 점을 통과하는 파동의 수로 단위는 Hz이다. 60Hz 라면 1초동안 60회 진동을 한다는 의미. 만약 전신주에서 우리집에 전기공급량이 220V/60Hz이면, 220V의 전기를 1초에 60번 진동하며 우리집으로 이동한다는 것을 말함. 보통 전기는 정해진 주파수 대역(진동폭) 내에서 진동하며 전달.

전기에도 품질이 있다. 전압과 주파수 등이 전기품질을 좌우하는 요인이다. 품질이 나빠지면 정전이 자주 되거나, 전기가 자주 깜빡거린다. 전자제품의 수명도 단축된다. 주파수는 정해진 영역을 벗어나면 전기품질이 나빠지게 된다. 전기품질을 높이기 위해서는 주파수를 조정하는 장치가 필요하다. 이 때 보통 장치를 움직이기 위한 전기가 쓰인다.

에너지저장장치로 주파수를 조정하는 보조서비스는 기존 발전소에서 만들어진 전기를 이용하는 대신 에너지저장장치를 이용하여 전력균형을 유지시킨다. 전기를 꺼내고, 전기를 넣는 방식을 반복하여, 전기의 질을 일관되게 한다. 즉 균형을 맞추는 것이다.

또 신재생에너지원의 전력품질을 높이기 위해서도 에너지저장장치가 사용된다. 태양광과 풍력의 경우 에너지를 얻게 되는 근원인 일조량과 바람의 세기 등에 차이가 있으며, 이에 따라 얻을 수 있는 전기량이 달라진다. 그런데 에너지저장장치에 전기를 저장하게 되면, 안정적으로 전기를 공급할 수 있다.

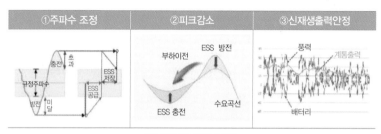

에너지 저장 장치의 활용

에너지저장장치가 불러올 생활의 '품격'

에너지저장장치가 많이 보급되면 우리 생활에는 많은 변화가 올 것이다. 우선 지붕 위로 얼기설기 이어진 전깃줄이 없어질 것이다. 각 가정에서 태양광이나 풍력발전기로 만든 전기를 가정용 에너지저장장치에 비축했다가 쓰면 굳이 많은 전선이 필요없게 된다.

사람들이 전기차를 많이 사용하게 되면, 굳이 별도의 에너지저장장치를 둘 필요도 없다. 전기차에 내장된 전기차용 이차전지가 에너지저장장치 역할을 할 수 있기 때문이다. 평소에는 전기차를 충전시켜 운행하다가 비상시엔 전기차를 에너지저장장치 삼아 전기를 사용할 수 있다. 이미 2012년 일본 도요타 자동차에서 연구되었으며, 우리나라도 2015년 7월 한전 전력연구원에서 본격적으로 연구되기 시작했다.

만약 이런 망들이 전국적으로 연결된다면 갑자기 전기가 필요할 때, 또는 전력피크 때 부족한 전기를 모든 전기차에 저장된 전기를 빼내서 국가적 차원에서 활용하는 것도 가능하다. 그렇다면 지금보다 훨씬 적은 발전소의 용량으로도 우리가 필요한 전기를 사용할 수 있을 것이다.

발전소를 짓는데 드는 비용과 전기차를 사용하면서도 에너지저장장치를 덤으로 사용하는 비용 중 어

전력피크
전력최대치라는 말과 동일. 전기 수요는 계절이나 시간별로 크게 변화하는. 최고치로 쓰는 시점을 전력피크라고 함.

떤 것이 효과적일까. 또 어떤 방법이 온실기체로 오염되어 가는 지구를 살릴 수 있는 더 좋은 방법일까?

에너지저장장치는 우리의 생각도 바꾸어 준다. 우리는 당연히 전기는 전력을 생산하는 한국전력공사를 통해 사서 쓰는 것이라고 생각해 왔다. 생각을 조금만 바꾸어 보면 그것은 편견이었다. 전기는 우리가 스스로 만들 수 있으며, 에너지저장장치 안에 쌓아 두었다가 필요할 때 사용할 수도 있다. 아직은 에너지저장장치의 개발이 한창이고, 초기단계라서 가격이 비싸기 때문에 개인이 구입하기는 어렵겠지만 상용화되는 시기가 앞당겨진다면, 우리는 에너지독립세대가 될 것이다.

에너지독립, 말만으로도 멋진 일이 아닌가.

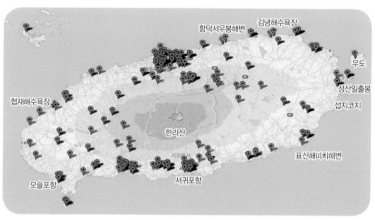

제주도의 전기차 충전기 위치

에너지저장
두번째 이야기

이차전지의
성장

슈퍼 히어로의 에너지의 원천은 무엇일까?

끊임없는 파워를 통해 적을 공격하는 슈퍼 히어로는 왜 지치지도 않는 것일까?

총알처럼 날아다니는 아이언맨, 최신 무기인 안경과 지팡이를 들고 다니는 영국신사 킹스맨, 그들이 공통적으로 지닌 것은 '무한의 전기에너지를 제공하는 전기저장장치'이다. 전기화학적 산화 및 환원반응에 따라 전기에너지를 화학에너지로 충전하고, 사용할 때는 화학에너지를 전기에너지로 변환한다. 이러한 장치를 『이차전지』라고 부른다.

일차전지가 단순히 저장만 되는 배터리인 반면

전기화학적 산화 및 환원 반응
전류를 통과시켰을 때 일어나거나 전류의 흐름을 수반하는 반응, 널리 전자를 빼앗기는 변화 또는 그것에 따르는 화학변화를 산화라고 하며, 환원은 산화의 반대과정으로 다른 물질 또는 분자로부터 전자를 얻는 일을 말함.

화학에너지
물질이 화학변화를 일으킬 때에 발생되는 에너지.

에, 이차전지는 충전과 방전이 크기에 따라 수백 · 수천 번 이상 반복되는 저장장치이다. 이차전지의 성능이 향상되면서 우리의 삶이 전면적으로 바뀌어지고 있다.

포스코가 개발한 이차전지 〈출처: POSCO〉

왜 이차전지일까?

이차전지에 대해 가장 쉽게 알 수 있는 장치는 바로 휴대폰이다. 이차전지가 없었다면 휴대폰이 탄생할 수 있었을까? 이차전지는 모바일 IT기기의 혁명을 불러왔다. 1990년대 노트북 컴퓨터가 등장할 수 있었으며, 2000년대 중반에 전기자동차가 탄생할 수 있었다. 여러 기술적 요인들이 있지만 이차전지의 발전 또한 이들 산업을 이끈 원동력이다. 2008년 이후에는 많은 기업들이 이차전지 산업에 눈을 돌리기 시작하면서 이차전지는 에너지산업의 새로운 대안으로 부각했다.

이차전지로 인해 화석연료가 덜 쓰이는 것은 물론 연료로 인해 생기는 위기관리의 몫도 줄었다. 안정되게 전기에너지를 사용할 수 있는 시대가 열린 것이다. 또 전력망과 발전소를 만드는데 드는 돈도 덜 들이게 되어 송전 및 배전사업자인 한국전력공사 등도 이차전지 산업에 대한 연구개발에 많은 관심을 기울이고 있다.

특히 에너지저장장치 중 이차전지가 주목받는 데는 이차전지의 효율과 성능이 높기 때문이다. 이차전지는 전기에너지를 화학에너지로, 화학에너지를 전기에너지로 바꾸는 방법을 통해 충전과 방전이 이루어진다. 이차전지를 통해 효율적으로 전기에너지를 사용할 수 있게 된 것이다.

송전
발전소에서 생산된 전기가 가정이나 공장으로 옮겨지는 일에서, 발전소에서 변전소까지의 과정까지를 말함.

배전
변전소에서 최종전기소비처까지 전기를 수송하는 과정을 배전이라고 함. 넓은 의미로 배전까지 합쳐서 송전이라고도 함.

한국전력공사
전력자원의 개발, 발전, 송전, 변전, 배전 및 이와 관련되는 영업, 연구 및 기술 개발, 해외사업을 진행함. 우리나라 공기업(산업자원통산부 산하 공기업).

볼타 "인체로만 전기를 만든다고? NO!!"

알렉산드로 볼타와 그가 발명한
전지가 그려진 이탈리아의 지폐

전지는 1800년에 알렉산드로 볼타(1745~1827)가 발명했다. 당시 볼타는 친구 갈바니와 함께 생체 전기에 관한 논쟁을 하고 있었다.

갈바니는 죽은 개구리 뒷다리에 전기를 흘려주면 근육이 수축되는 현상을 두고 개구리의 두뇌가 전기를 만들어 개구리의 근육을 움직인다고 생각했다. 즉, 전기를 생물체가 만드는 것이라고 봤다.

볼타는 처음에 갈바니의 주장에 동조했지만 차츰 전기는 생물체와 무관하다고 생각했다. 실험을 거듭한 끝에 두 개의 금속판만으로 전기를 생산할 수 있다는 사실을 발견했고, 실제로 아연과 구리 금속판으로 전지를 만들었다.

볼타는 전지로 일약 스타덤에 올랐으며, '세상을 바꿀 사람'으로 유럽 전역에서 칭송이 자자했다. 특히 나폴레옹 앞에서 전지 실험을 진행해 상금과 훈장을 탄 역사적 사실은 유명하다.

체코 프라하 중심을 관통하는 볼타바강은 그의 이름을 따서 지어졌으며, 전기의 단위인 볼트 역시 볼타의 이름을 따서 지어졌다.

리튬이온 전지, 그리고 차세대 이차전지

1800년 이탈리아의 과학자 볼타가 금속판 만으로 전지를 만들어 낸 이후 과학자들은 수많은 금속을 사용해 다양한 종류의 전지를 만들어냈다.

가솔린 엔진 시동을 걸기 위해 자동차에 싣고 다니는 납축전지는 납을 이용한 전지다. 보통 『건전지』라 불리며 문구점에서 쉽게 구할 수 있는 원통형 전지는 니켈수소 전지다.

최근엔 리튬을 많이 사용한다. 리튬이온 전지가 대표적이다. 리튬이온 전지는 카메라 등 휴대용 전자제품의 충전용 배터리, 휴대폰의 전지용으로 많이 사용된다. 2011년 이후 세계시장 점유율은 우리나라가 일본보다는 15%, 중국보다는 5% 앞서면서 세계 1위를 차지하고 있다. 기존에는 일본이 점유율이 월등히 높았지만 중국이 시장에 들어오면서, 오히려 우리의 리튬이차 전지의 점유율이 증가하고 있다.

그러나 우리나라의 리튬이온 전지의 부품, 소재 기술은 아직 많이 취약한 형편이다. 리튬이온 전지 기술의 토대인 원친기술은 일본과 미국에 비해 50%나 뒤처져 있다. 세계 이차전지 시장에서 27%나 차지하던 리튬이차 전지에도 경고등이 켜졌다. 현재

가솔린 엔진
휘발유를 넣는 차. 다른 엔진에 비해 힘이 좋고 소음과 진동이 적은 가솔린 엔진은 주로 승용차에 적용된다.

니켈수소전지
양극 활성물질로 니켈, 음극 활성물질로 수소 흡장 합금, 전해질로 알카리 수용액을 사용한 전지임. 고용량화가 가능함.

의 이차전지 기술로는 휴대폰, 노트북 이외의 다양한 제품에 적용할 수 없다는 것이다. 우선 에너지 밀도가 낮아 전지 안에 많은 용량의 에너지를 담을 수 없다. 높은 가격도 문제다. 1킬로와트ᵏᵂ를 한 시간동안 사용한다고 할 때, 그 가격이 약 20만원에 달한다. 폭발 위험성도 있는데, 2014년 테슬라의 전기차에서 두 건의 화재가 발생했다.

차세대 이차전지의 등장

기술혁신이 필요했다. 밀도를 높여 많은 용량을 담고, 가격을 낮추고, 안정적인 구조

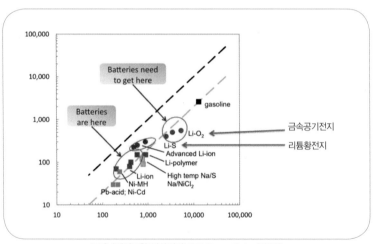

고에너지밀도향 이차전지 〈출처: Energy Environ(2012.5)〉

를 지녀야 했다. 그래서 탄생된 것이 차세대 이차
전지다. 리튬이온의 한계를 극복한 신개념 이차전
지로, 리튬만으로 한정지었던 재료에서 마그네슘,
나트륨, 황 등 그 폭을 넓혀 원료의 수급이 쉬워졌
다. 용량은 높고 수명은 길다. 전기차의 경우에도
지금은 150km정도의 짧은 거리만 주행할 수 있지
만 차세대 이차전지는 400km이상 주행이 가능하
다. 가격은 좀더 싸졌으며, 대형으로도 사용할 수
있다. 폭발 위험성도 없어 안전하다.

　전지의 이름을 결정짓는 것은 소재다. 소재가 그만큼 중요하
다는 말인데, 서로 소재를 달리한 이차전지의 에너지밀도를 살
펴보면, 차세대 이차전지에 속하는 금속공기 전지와 리튬황 전
지가 밀도가 다른 것에 비해 높다는 것을 알 수 있다. 차세대 이
차전지 연구 개발 투자는 시작단계다. 일본과 중국, 미국에 비
해 앞선 기술력을 갖기위해서는 원천기술 개발 등에 대한 투자
가 확대되어야 한다.

일본은 황나트륨전지? 우리는 니켈소금전지!

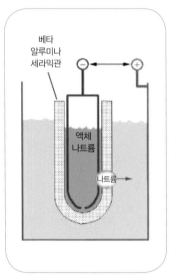

베타
알루미나
세라믹관

액체
나트륨

나트륨 →

일본 NGK가 개발한 황나트륨 전지의 구조

현재 우리나라는 차세대 리튬 전지 외에 황나트륨 전지[NaS], 레독스흐름 전지[RFB]를 중점적으로 개발하고 있다. 황나트륨 전지는 나스라고 불리며, 레독스흐름 전지는 알에프비로 불리곤 한다.

나스전지는 일본의 세라믹 제조사인 NGK가 개발해 상용화한 전지로, NGK는 이 제품만으로 10년간 1조원을 벌어들였다.

나스전지는 음극으로 나트륨을 사용하고, 양극에는 황을 사용한다. 어떤 물질을 녹였을 때 전기가 흐르는 전해질로 사용되는 것은 베타알루미나다. 베타알루미나는 도자기의 재료인 세라믹계 물질이다. 전지는 베타알루미나를 가운데 두고 양극 유황과 음극 나트륨이 서로 전자를 교환하는 가운데 전기를 생산하는 구조다. 그런데 이 전해질이 동작하기 위해서는 300도℃에서 350도℃ 사이의 온도가 필요하기 때문에, 화재에 취약하다는 단점이 있다. 실제 NGK는 나스전지로 인한 화재사고를 겪기도 했다.

하나의 원통형 구조의 나스전지에서는 150와트^{W}가 만들어지며, 모듈형의 전력시스템에서는 크게는 수십 메가와트^{MW}급 용량의 전지를 만들 수 있다. 수명도 15년 정도로 길어 오래 사용하는 대용량 전지에 적당하다. 특히 출력이 다른 전지보다 거의 두 세 배 높기 때문에 작동하는 순간 바로 전력 공급이 가능하다. 긴급 전원용으로 적당하다. 소재 역시 자연 상태에 많은 나트륨과 황이기 때문에 고갈될 염려도 없다.

또 NGK는 나스전지의 단점을 보완하기 위해 전지 일부분에서 화재가 나도 시스템 전체로 번지지 않도록 설계했으며, 오사카 대학과 요코하마 대학의 공동연구진은 전지 내부에 열에 강한 내열 절연판을 삽입해 화재 위험을 줄였다.

우리나라 기업도 일본의 나스전지 기술을 따라잡으려고 큰 노력을 기울여왔다. 포스코에너지 그린에너지연구소가 대표적이다. 포스코는 나스전지가 아닌 니켈소금 전지 개발에 뛰어들었다.

니켈소금 전지는 양극에 황 대신 염화나트륨^{NaCl}을 사용했다. 나스전지의 경우, 전지에 이상이 생겨 황과 나트륨이 만나면 폭발이 발생하는데, 황 대신에 염화나트륨을 써서 폭발을 방지했다. 이

모듈
기계 또는 시스템의 구성단위. 복수의 전자부품이나 기계부품 등으로 조립되어 특정기능을 하는 부분장치.

출력
기기나 장치가 입력된 내용을 받아 일을 처리한 후 외부로 결과를 냄. 여기서는 전기를 내는 힘을 말함.

포스코에너지
국내 최초 민간발전사. 1969년 에너지사업을 시작. 부생가스복합발전소 운영 및 석탄화력발전사업에 진출하고 있음.

미국 기업 『GE』가 개발한 니켈 소금전지의 제1 전해질인 베타알루미나 튜브 〈출처: GE〉

상이 생길 경우 염화나트륨, 즉 소금이 생겨난다. 포스코에너지가 니켈소금 전지 개발에 뛰어든 이유가 이 때문이다. 소재도 니켈과 알루미늄인데, 이들 소재가 싼 값에 얻기 쉽고 대규모로 저장이 가능하다는 점도 큰 장점이다. 이러한 안전함을 살려 대중이 이용하는 전기버스에 활용하는 연구도 진행되고 있다.

'용액만 갈아주면 돼'
반영구적인 레독스흐름 전지

레독스흐름 전지도 나스전지와 같이 큰 용량으로 사용이 가능하며, 긴 수명을 자랑한다. 긴급 전원용으로도 사용할 수 있다. 다만 사용하는 전해질의 성질이 다른데, 나스전지가 베타알루미늄이라는 세라믹형의 고체 전해질을 사용한다면, 레독스흐름 전지는 액체 상태의 전해질을 사용한다.

레독스흐름 전지는 바나듐·철·구리·크롬·티타늄·망간·규소 등을 산성이 강한 액체에 녹

크롬
주기율표 6족에 속하는 원소로 단단한 고광택의 철회색 금속. 강도와 내식성을 높이기 위해 합금으로 사용.

티타늄
화학 원소로 기호는 Ti, 원자 번호는 22. 가볍고 단단하고 내부식성이 있는 전이금속 원소.

망간
원소기호 Mn, 원자번호 25, 단단하고 부서지기 쉬운 회백색의 금속으로 제강에 꼭 필요한 원소.

규소
화학 원소로 기호는 Si, 원자 번호는 14. 대부분 반도체의 주성분이며, 유리, 세라믹, 시멘트 등의 주성분을 이룸.

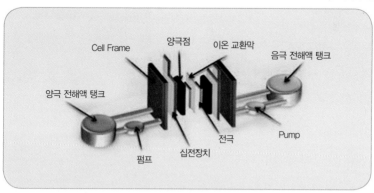

〈레독스흐름 전지의 원리〉
전해질을 녹인 강산성액이 스택을 순환하며 산화 – 환원 작용을 통해
충전과 방전을 수행한다.

희토류
자연계에 매우 드물게 존재
하는 금속 원소라는 의미.
화학적으로는 매우 안정된
물질이며, 열의 전도율이
높다.

바나듐
화학 원소로 기호는 V. 원
자 번호는 23임. 자연에서
는 화합물 형태로만 산출되
지만 인공적으로 순수한 형
태로 분리하면 표면에 산화
피막을 형성하여 그 이상의
산화를 막음.

인 후 산화와 환원 반응을 이용해 충전하고, 방전
하는 이차전지다.

높은 온도에서 작동하며 단일한 성질의 전해질
을 쓰기 때문에 전해액이 섞여도 안전하다. 또 전
해질이 담긴 전해조에서 전해액이 중심이 되는 곳
인 스택을 순환하며 발전하기 때문에 수명이 15년
가량으로 길다. 전해조 탱크와 스택의 규모를 원
하는 만큼 조정할 수 있기 때문에 대규모 에너지
저장장치에 적합하다. 점차 사용되는 곳이 많아질
수 있다.

단, 황산 같은 강산성 용액을 사용하기 때문에 부식에 잘 견
디는 외장재가 필요하며 부피도 크
다. 소재의 단점도 있다. 원료가 되
는 바나듐이 중국에 40% 정도 매장
돼 있는 희토류에 속해 값이 점점
비싸지고 있다. 중국은 자국에서
생산하는 바나듐 80% 이상을 국내
제강 산업에서 소비하고 있어 바나
듐을 구하기는 점차 더 어려워질
것이다.

일본 기업인 수미토모의
대규모 레독스흐름 전지 시스템

세계에서 레독스흐름전지를 처음 시작한 기업
은 일본이며, 우리는 롯데케미칼과 OCI가 앞장서
고 있다. OCI의 바냐듐 레독스 흐름전지는 액체에
전기를 저장하는 전지로서 액체만 교환해 주면 반
영구적으로 쓸 수 있는 장점이 있다.

롯데케미칼은 아연-브롬을 소재로 활용한 레독스흐름전지를
한창 연구 중이다. 아연-브롬 레독스흐름전지는 소형으로 만들
수 있고 전압이 1.8볼트^{V}로 높은 편이다.

브롬
Br 원자번호 35. 진홍색의
발연 액체로 지구 상의 존
재하는 양이 비교적 적은
희유원소 가운데 하나.

에너지저장
세번째 이야기

작아도
강해요!

작지만 강한 전지, '슈퍼 커패시터'

슈퍼 커패시터, 『센티넬』을 움직이다

　　　　　　　　많은 사람들이 가장 좋아하는 영화로 손꼽는 『매트릭스』를 보면, 기계 문명이 인간들을 공격할 때 일명 『센티넬』이라는 기계를 사용한다. 해파리 혹은 문어처럼 생긴 이 기계는 살아 있는 생명체의 촉수를 단 것처럼 움직일 때마다 흐느적거리며, 앞으로 나아간다. 공격할 때는 무언가를 쥘 수도 있으며, 전진할 때는 일직선으로 뻗어 공기저항을 최소화하여 최고의 속도를 낸다.

　몸집은 작지만 순간적으로 강한 에너지를 내어 인간을 공격하는 센티넬의 모습은 과연 상상 속에서만 가능할까. 만약 센티

센서
외부 자극이나 신호를 감지하는 기구로, 인간의 감각 기관이 감지하기 어려운 외부 신호나 위험한 신호도 감지하여 전기 신호로 바꾸어 주는 장치.

전지
화학 반응, 방사선, 온도의 차이, 빛 따위로 전극 간에 전위차가 발생하게 하여 전기 에너지를 만드는 장치.

넬의 몸 속에 '인간과의 싸움'에서 능력을 발휘할 수 있는 건전지가 있다면 가능한 일이다. 이 건전지는 순간적으로 폭발적인 힘을 내고, 오랜 시간 사용할 수 있다. 센티넬의 촉수마다 센서와 전지, 전기 모터가 달려 있다면 센서에서 받은 신호 대로 전지가 모터에 전원을 공급하거나 전원을 차단하며 여기 저기로 움직일 수 있는 것이다.

우리는 이런 전지를 '슈퍼 커패시터'라고 부른다. 다른 전지와는 달리 슈퍼 커패시터만이 지닌 이 같은 특징을 이용해 다양하게 활용할 수 있는 방법 등이 활발하게 연구되고 있다.

영화 매트릭스에 등장하는 로봇 『센티넬 』〈출처: 핫 토이〉

환자의 생명도 살릴 수 있는 슈퍼 커패시터

한국에너지기술평가원은 에너지 분야의 연구 과제를 연구할 전문가들을 선정하여 지원해 주고 있는 국가기관이다. 한국에너지기술평가원은 2011년에 『그린에너지 전략 로드맵 2011』을 발표하며 슈퍼 커패시터의 활용에 대한 내용을 담았다. 내용을 보면 슈퍼 커패시터를 전기 자동차용 에너지저장 시스템, 전력 품질 향상용 에너지 저장시스템 분야에 활용하자고 제안했다. 정부가 공식적으로 내는 보고서에서 에너지 저장의 방법으로 슈퍼 커패시터를 거론하기 시작한 것이다.

그간 슈퍼 커패시터는 휴대용 통신기기 등의 백업 전원용으로 가장 많이 쓰였다.

최근엔 성능이 더 나아져서 전동차의 회생 제동, 풍력발전기의 날개의 전환장치, 골리앗 크레인, 기중기 등에 응용되고 있다. 특히 태양에너지, 풍력 등 신재생 에너지는 바람의 세기와 낮밤에 따라 생산하는 전력의 품질이 차이가 있는데, 그 품질을 높여 안전하게 공급하는 역할을 한다.

또 이런 상황도 있다.

그린에너지 전략 로드맵 2011
산업통상자원부가 2011년 6월 7일 발표한 연구개발과 투자 계획. 급성장하는 미래 그린에너지 시장을 차지하기 위해 태양광, 풍력 등 15대 분야의 2030년까지 연구개발(R&D)과 투자·사업화 전략을 담음.

백업
작업 중의 실수로 인한 데이터의 소실에 대비하여 원본을 따로 복사하여 저장하는 일.

회생제동
달리는 차량에 브레이크를 걸어도 바퀴는 관성 때문에 여전히 앞으로 운동하려고 한다. 바퀴에 걸린 관성 에너지로 전기모터를 돌려 전기를 얻는 일을 회생제동이라고 한다.

기중기
무거운 물건을 끌어올려 상하·좌우·전후로 이동시키는 기계.

갑자기 정전이 되었다. 이 때 가스를 이용하는 발전기를 가동해전력을 다시 공급하기도 한다. 가스 발전기는 석탄 발전기에 비해서는 짧은 시간이지만, 스위치를 누른 다음 기다리는 시간이 필요하다. 기대하는 양 만큼 전력이 생산되기까지는 시간이 걸린다.

또 응급실에서 의료 기기를 사용할 때도 기기를 가동하기까지 기다리는 시간이 있다. 생명이 걸린 위기의 순간이다. 이 때 필요한 순간 곧바로 전력이 공급이 가능한 에너지저장장치가 필요하다. 바로 이런 일을 할 최적의 저장장치가 슈퍼 커패시터이다.

슈퍼 커패시터는 가장 빠르게 반응하는 전기다.

정전으로 공장의 기계와 백화점 엘리베이터가 갑자기 멈추었을 때 바로 전기를 공급할 수 있다. 병원 응급실에 공급되던 전원이 갑자기 꺼졌을 때도 바로 전기를 공급하여 절체절명의 위기에 빠진 환자의 생명을 살려낼 수 있다. 가정에서 맛있는 음식을 끓이던 전기렌지가 훅 꺼져도, 길거리 치한을 방지하는 가로등이 불빛을 잃어도 슈퍼 커패시터만 있다면 바로 전기를 공급하여 전기렌지를 가동하고, 가로등 불빛을 밝혀 사용할 수 있다.

신호를 받으면 1초 이내에 기계를 작동시킬 수 있으며, 불빛을 낼 수 있는 전지가 바로 슈퍼 커패시터다.

중국의 대기오염 해결사, 슈퍼 커패시터

중국은 대기오염 문제를 해결하고자 하이브리드 버스와 친환경 경전철, 풍력발전에 슈퍼 커패시터를 적극 활용한다. 2015년 이후 슈퍼 커패시터를 탑재한 친환경버스 비중을 10%이상 늘릴 계획이다.

중국이 관심을 크게 가지는 이유는 슈퍼 커패시터가 고속 충전과 고압 순간 방전이 가능하기 때문이다. 자동차용 회생 제동 장치용 슈퍼 커패시터는 자동차 연비를 10~25% 향상시킬 수 있어 주목받고 있다.

슈퍼 커패시터는 전력 안정화용 전원으로도 활용된다. 기존 리튬이온 전지형 에너지저장장치가 충방전 시간이 슈퍼 커패시터보다 길기 때문에 정전에 빠르게 대응하기가 어렵다. 원래 기술에 슈퍼 커패시터가 보완되면 더욱 안정적으로 전원을 공급할 수 있다.

슈퍼 커패시터의 원리는 무얼까?

노트북을 사용할 때 윈도우 OS가 너무 늦게 뜬다는 불평이 있다. 그래서 기존 자기디스크 방식인 하드 디스크 드라이브 대신 반도체 메모리인 SSD^{Solid State Disk}를 사용한 노트북이 등장했다. 사람들은 전기를 사용할 때 더욱 빠른 속도와 반응을 원하기 때문이다. 특히 사람을 살리는 인공 심장, 정밀한 로봇손 등을 사용할 때는 사람의 손발처럼 정교하게 움직여야 한다. 원하는 즉시 적절하게 움직여야 한다. 이렇게 빠른 반응이 필요한 곳에 슈퍼 커패시터가 필요하다.

어떻게 이런 기술이 가능할까?

먼저 슈퍼 커패시터 배터리, 즉 전지에 대해 알아보자. 숯의 기능 중 가장 잘 알려진 기능은 냄새와 습기를 없애는 것이다. 숯의 모양을 현미경으로 살펴보면 수많은 구멍들이 있다. 나무를 구성하고 있던 성분들이 날아가고 만들어진 공간이다. 이 구멍에 냄새 입자와 습기 입자를 잡아 가두는 것이다. 그 원리를 이용하여 전기를 만드는 것이 슈퍼 커패시터이다.

윈도우 OS
마이크로소프트사에서 개발한 컴퓨터 시스템 운영 체제.

하드 디스크 드라이브(HDD)
비휘발성, 순차접근이 가능한 컴퓨터의 보조 기억 장치이다. 보호 케이스 안에 있는 플래터를 회전시켜, 이것에 자기 패턴으로 정보를 기록한다. SSD는 HDD와 달리 자기디스크가 아닌 반도체 메모리를 내장하고 있다. 기계 구동장치가 필요없어 열과 소음이 발생하지 않고, 외부 충격에도 강한 장점을 갖고 있다.

입자
특정 물질을 구성하고 있는 매우 작은 물체.

더 설명하면 숯에 있는 구멍에 전자 이온을 잡아 가두었다가 풀어 주며 전기를 생산한다. 전지 속에 있는 이온은 음극에서 양극으로 움직일 때 전자를 내놓는데 이 전자가 움직이며 전기가 된다. 이 때 만들어진 전기는 전지 밖으로 이어지는 전선, 즉 도선을 따라 흘러가며 전등도 켜고, 모터도 돌린다.

슈퍼 커패시터란 말을 풀어쓰면, Super에 Capaciter가 합쳐진 말로, 최고의 축전기라는 뜻이다.

축전기는 말 그대로 전기를 모으는 기기를 말한다. 원리는 간단하다.

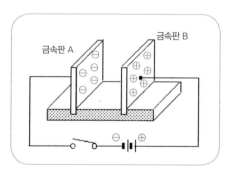

보통 한장의 금속판도 전하를 저장할 수 있지만 전하의 양이 증가하면 같은 종류의 전하끼리 서로 반발하게 된다. 또 금속판의 모서리 부분에 전기장이 강해지면 쉽게 방전될 수 있다. 결국 금속판에 많은 양의 전하를 모아둘 수 없다.

축전기는 이를 막기 위해 두개의 금속판을 마주 보게 하며 가까이 둔다. 각 금속판이 전지나 선원 장치의 양극과 음극 단자에 연결되면 금속판 중 하나에서 전자들이 이탈하면서 한 금속판엔 양전하가 모이게 되고, 다른 금속판엔 음전하가 모이게 된다. 이들 전하사이에 인력이 작용하면서 전하들은 오랫동안 모여있게 된다. 이때 전지나 전원장치를 없애도 두 극판엔 전기가 흐른다.

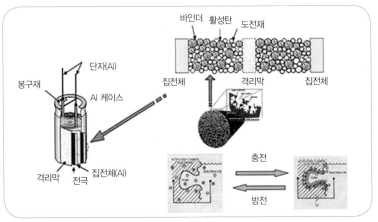

〈슈퍼 커패시터의 구조〉
가운데 격리막이 있으며 황산 수용액과 이온성 액체 전해질로 채워져 있다.
충전을 하면 이온이 활성탄에 달라붙고 방전된 상태는 이온이 활성탄에서 떨어진 상태다.
방전 과정 중에 전자가 단자를 통해 밖으로 움직인다. 〈출처: 레이니스텍〉

슈퍼 커패시터는 축전기의 상태를 가장 최고의 상태에 놓는다는 뜻이다. 즉 50만 사이클에 이르는 긴 수명과 30초에 불과한 충전시간으로 90%에 이르는 효율을 얻는다. 슈퍼 커패시터는 전기를 고속 충전한 후에 순간적인 방전이 가능하다는 점에서 화학전지, 즉 리튬이온전지보다 뛰어나다. 게다가 화학반응이 없기 때문에 수명도 길다. 그래서 슈퍼 커패시터를『고출력 장수명 전기에너지 저장 장치』라고도 한다.

물리전지와 화학전지의 차이?

전지는 물리전지와 화학전지가 있다.

화학전지는 전자를 내놓은 이온이 양극재와 결합하지만 물리전지는 양극재에 단순히 붙었다가 떨어지기만 한다. 그래서 화학전지는 화학반응을 통해, 물리전지는 물리적 흡착을 통해 전기를 만든다고 말할 수 있다.

슈퍼 커패시터는 물리 전지의 하나로 이온 상태가 된 물질이 활성탄에 물리적으로 붙었다가 떨어지며 전기를 생산한다. 음극, 양극으로 일컫는 전극, 반응재료인 활성화 물질, 즉 전해액과 전기를 모아주는 집전체로 구성되어 있다. 슈퍼 커패시터는 활성탄이 양극과 음극에 모두 쓰인다.

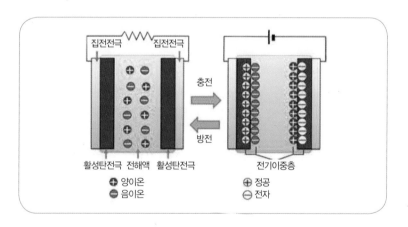

리튬이온 전지와의 차이

충전이 불가능한 전지를 일차 전지라고 하고, 충전이 가능한 전지를 이차 전지라고 부른다.

리튬이온 전지는 이차 전지의 하나로 양극에는 리튬코발트 산화물이, 음극엔 탄소가 있어, 그 사이에 전해질을 넣어 충전과 방전을 반복하게 한다. 음극의 리튬이온이 중간의 전해액을 지나 마이너스 쪽, 즉 양극으로 이동하면서 전기를 발생시킨다. 무게가 가볍고 고용량의 전지를 만드는 데 유리해 휴대폰, 노트북, 디지털 카메라 등에 많이 사용되고 있다.

그런데 이런 장점만 있는 것은 아니다. 리튬이온 전지는 리튬이온이 양극에 있을 때 물리적으로 붙어있는 것이 아니라 리튬코발트 산화물이라는 화합물 형태로 존재한다. 그래서 화학 반응이 일어나 열도 많이 나게 된다. 잘못되면 양극재가 전해질에 녹을 수도 있다. 게다가 리튬이라는 원소는 물을 만나면 폭발하는 성질이 있어 리튬이온 전지에서 리튬이 새어 나와 공기 중의 수분과 결합해 전지가 폭발할 위험도 있다.

이러한 위험을 막기 위해 리튬이온 전지에는 안전보호 회로가 들어가며, 내부를 단단한 플라스틱으로 둘러싼다. 이 때 면적을 많이 차지하고, 무거워지게 된다.

리튬코발트 산화물
리튬이온 전지의 양극부분에 자주 쓰이는 리튬 화합물. $LiCoO_2$의 화학식을 가지고 있음. 리튬 이산화코발트의 부패는 산소를 생성.

전해질
어떤 물질을 물에 녹였을 때 전기가 통하는 물질

리튬이온 전지 양극재, 리튬코발트산화물

리튬코발트 산화물은 리튬, 코발트, 산소가 화학적으로 결합된 물질로 리튬이온전지의 양극재로 쓰인다. 리튬이온 전지에서 방전은 음극재에 있던 리튬이 전해질의 강을 타고 양극재로 이동할 때 생긴다. 전해질의 강을 건널 때 리튬은 전자를 내놓고 이온 상태가 되는데 이때 전자가 외부로 연결된 회로를 통해 밖으로 방출, 전기가 발생한다.

충전은 양극재와 결합돼 있던 리튬이 외부의 강한 전기 충격을 받아 다시 음극으로 돌아오는 과정을 말한다. 이때 외부에서 너무 과한 전기 충격이 가해지거나 충전이 끝났는데도 전기가 계속 넣어지면 양극재의 리튬이 모두 떨어져나가 양극재가 망가지기도 한다. 그래서 리튬이온 전지를 오래 쓰려면 20%가량의 전력을 남겨둔 채 써야 한다.

분자의 구조

슈퍼 커패시터가 해결한 문제들

슈퍼 커패시터는 이러한 리튬이온 전지의 문제를 해소한다. 리튬이온 전지는 내부에서 화학 반응이 일어나지만 슈퍼 커패시터에는 물리적 반응만 일어난다. 슈퍼 커패시터 내부에선 이온이 탄소로 만들어진 활성탄과 화학적으로 결합하지 않고 물리적으로 붙었다가 떨어지기만 반복한다. 즉 성질이 바뀌지 않는다. 또 슈퍼 커패시터를 구성하는 물질이 리튬이온 전지처럼 산화하지 않아 슈퍼 커패시터가 리튬이온 전지보다 수명이 훨씬 길다.

전기를 방전하는 속도도 높다. 전지가 응답하는 시간이 5~10밀리초^{ms} 즉, 1000분의 1초에 불과하다. 리튬이온 전지의 응답시간은 초 단위이다. 게다가 리튬이온 전지보다 안정적이다. 효율성, 안전성, 수명 등에서 슈퍼 커패시터는 리튬이온 전지의 효능을 능가하고 있다. 다만 전기를 담을 수 있는 양은 리튬이온 전지보다 적고 가격이 비싼 단점이 있다.

기술 수준도 문제가 된다. 슈퍼 커패시터의 성능이 리튬이온 전지보다 떨어진다. 기존 탄소 소재가 가지는 한계 때문이다. 새로운 소재를 개발해야 한다. 그래서 연구진들은 지금의 탄소 소재보다 더욱 전기가 잘 통하면서도 소재는 얇으며, 전기를 담을 수 있는 양도 많은 그래핀이라는 물질에 주목하고 있다. 최근 이 물질을 양극재와 음극재에 적용해 성능을 향상시키는 방안이 연구되고 있다.

실제 그래핀을 입히면 성능이 50% 정도 증가한다는 연구 결과도 있다. 아직은 그래핀 소재 자체가 개발 중이어서 본격적으로 적용되기까지는 시간이 많이 걸릴 것이다.

세상에서 가장 얇은 물질, 그래핀

그래핀은 탄소 원자가 평면으로 깔린 물질로 두께가 탄소 원자 한 개 크기에 불과하다. 그래서 2차원에 존재한다고 말한다. 아주 얇은 물질이지만 강철보다 강하고 투명하며 전기가 아주 잘 통하고 항균작용까지 해 쓰임새가 많다.

둘둘 말아 손에 들고 다닐 수 있는 투명 디스플레이를 생각해 보자.

철보다 강하니 찢어질 염려가 없으며 전기가 통해 신문이나 동영상 데이터를 올려 감상할 수도 있다. 사용 후엔 접어서 주머니에 넣을 수 있다. 그래핀이라는 소재로 투명 디스플레이를 만들 수 있다.

특히 그래핀이 다른 물질보다 전기가 아주 잘 통해 전기가 잘 통하지 않는 물질에 덧씌우면 전기를 더 잘 통하게 할 수도 있다. 한창 연구 중으로, 슈퍼 커패시터가 대표적인 예다.

슈퍼 커패시터의 주요 성분인 활성탄은 전기를 전달하는 정도가 그리 높지 않다. 표면에 활성탄보다 전기 전달 능력이 뛰어난 그래핀을 덧씌워 전기를 보다 잘 통하게 하는 연구가 진행되고 있다. 그래핀을 슈퍼 커패시터에 적용하면 성능이 50% 가량 향상된다고 알려져 있다.

기업들은 이러한 그래핀의 특징을 응용해 제품을 만들기 위해 노력하고 있다. 제조 기술이 부족해 아직은 개발 단계다.

또 단점은 있다. 워낙 얇아 생산 비용이 많이 들고 생산하는 방법대로 만들어도 제대로 된 그래핀을 얻기 힘들다. 단점만 보완한다면 그래핀은 큰 역할을 해낼 것이다.

슈퍼 커패시터, 무엇으로 만드나?

전형적인 슈퍼 커패시터로는 전기 이중층 커패시터가 있다. 전기 이중층 커패시터는 Electric Double-Layer Capacitor의 한글 이름으로 EDLC로 줄여 불린다. 양극과 음극의 재료에는 활성탄 이외에 탄소나노튜브 , 중다공성 카본등이 쓰이기도 한다.

삼화전기가 개발한 슈퍼커패시터 〈출처: 삼화전기〉

탄소나노튜브는 탄소 원자로 구성된 속이 빈 빨대다. 중다공성 카본은 그래핀이나 탄소나노튜브보다 보다 복잡한 구조다. 구멍이 숭숭 뚫린 탄소 덩어리라고 보면 된다.

이들 소재를 이용해 만든 전기 이중층 슈퍼 커패시터는 양극과 음극이 하나의 면을 사이에 두고 마주 본 상태를 말한다. 슈퍼 커패시터에서

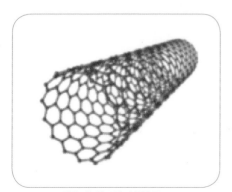

탄소나노튜브의 나선형 구조

양이온과 음이온은 전해액을 떠돌다가 밖에서 전압을 가하면 활성탄에 나뉘어 달라붙는다. 양이온이 달라붙은 활성탄 안쪽은 음성이 되며 음이온이 달라 붙은 활성탄 안쪽은 양성이 된다.

가장 필요한 소재, 활성탄

여러 종류의 커패시터가 등장해도 반드시 필요한 소재는 활성탄이다.

우리나라에서는 GS에너지가 활성탄을 생산하는 대표적인 기업이다. GS에너지는 2009년 12월 연 300톤의 활성탄을 생산하는 양산 공장을 설립했다. 활성탄이 슈퍼 커패시터에만 쓰이는 것은 아니다. GS에너지는 활성탄을 다양한 용도로 공급한다. 집에서 흔히 냄새를 없애기 위해 사용하는 탈취제도 활성탄을 이용한 대표적인 제품 중 하나다.

활성탄은 소프트 카본과 하드 카본으로 나뉜다. 소프트 카본은 석유계 코크스나 원유를 정제하는 과정에서 나오는 찌꺼기인 피치로 생산된다. 하드 카본은 야자 껍질, 대나무, 셀룰로오스, 톱밥, 목재 폐기물 등에서 생산된다.

활성탄은 일반적으로 원료를 분쇄한 후 이물질

GS에너지
(주)GS의 자회사이자 GS칼텍스 주식 50%를 보유한 에너지전문사업지주회사로 출범. 자원개발, 이차전지 양극재 등 에너지산업을 진행하고 있음.

피치
화공산업에서 콜타르, 나무타르, 지방, 지방산, 지방유를 증류할 때 얻어지는 흑색이나 암갈색의 잔류물.

셀룰로오스
섬유소. 수많은 포도당으로 이루어진 다당류의 하나.

을 빼내고, 쓸 수 있는 것을 골라낸 다음 세정하고 열처리해 생산한다. 여기서 모든 활성탄 중 활성탄의 표면적, 기공 구조, 덩어리진 정도를 보고 사용한다. 즉 생산된 활성탄은 슈퍼 커패시터에 쓸 수 있는 성질인지 분석한 후에 사용하는 것이다.

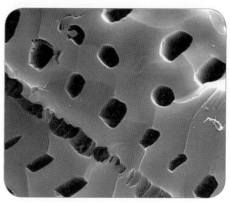

활성탄을 전자현미경으로 본 모습 〈출차: SMBA〉

양극에 다른 소재를 사용해 성능 높인 하이브리드 커패시터

일반적으로 슈퍼 커패시터는 양극재와 음극재 모두 활성탄을 사용하지만, 양극재 혹은 음극재에 활성탄 이외의 다른 소재를 사용하기도 한다. 이를 하이브리드 커패시터라고 부른다. 하이브리드hybrid는 잡종을 뜻한다.

하이브리드 커패시터에는 리튬이온 커패시터와 육불화인 커패시터가 있다.

리튬 이온 커패시터는 양극재가 기존 활성탄이지만 음극재는 리튬 티타늄 산화물을 쓴다. 육불화인 커패시터는 음극재가 활성탄이지만 양극재가 리튬코발트 산화물이다.

하이브리드 커패시터 가운데 가장 각광을 받는 건 리튬이온 커패시터다.

한국전기연구원 김익준 박사는 리튬이온 커패시터가 향후 양산 체제를 갖추게 되어 생산 비용이 낮아지면 전기 이중층 커패시터와 리튬이온 전지를 점차 대체할 가능성이 크다고 전망한다. 리튬이온 커패시터는 리튬이온 전지와 같은 전해액을 사용하기 때문에 크기는 작아도 에너지 밀도가 높은 전지를 손쉽고 값싸게 만들 수 있다. 또 일반 리튬 이온전지와 같이 병렬로 연결해 사용이 가능하고, 급속으로 충전할 수 있으며, 대용량으로 만들 수 있다는 장점이 있다.

하지만 리튬은 충전이 지나치면 이온이 음극을 통해 밖으로 빠져나와 없어지기 때문에 리튬이온 커패시터는 기존 슈퍼 커패시터보다는 수명이 짧다.

슈퍼 커패시터,
뛰어난 연구자들의 의미있는 도전

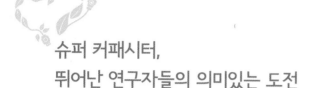

셀
컴퓨터에서, 기억 장치의 기능을 갖는 위치를 나타내는 단위.

리튬이온 전지는 한번 충전하면 길게는 4시간 정도 쓸 수 있다. 물론 일반적으로 100% 방전 후 100% 충전해 쓰지 않는다. 방전할 때 생기는 열이 전지와 주변 기기의 수명도 단축시켜 별도의 냉각장치나 열을 차단하는 물질이 필요하다. 전지 셀보다 전지를 관리하는데 드는 장치비용이 더 비싸다.

인공 심장이나 우주 정거장, 심해 탐사정에 사용되는 기계 장치라면 어떨까?

사람의 몸에 삽입하는 인공심장에 쓰이는 전지라면 크기가 작아야 하고 수명도 길어야 한다. 전지를 사용할 수 없다는 이유로 사람 몸을 열고 전지를 갈아 끼울 수 없기 때문이다.

멀리 우주정거장이나 깊은 바다 속 화산 부근에서 활동하는 탐사체에 사용되는 전지도 마찬가지다. 전지 교환에 드는 비용이 탐사 비용보다 클 수 있다. 우주 방사능과 화산에서 분출된 황 성분이 강한 바닷물을 견뎌야 한다. 긴 수명에, 크기는 작으며, 상상할 수 없는 극한 상황에서도 견디는 튼튼한 양극재가 필요하다.

미국 버클리 대 마부디안 교수팀은 크기를 마이크로 단위로 줄이고 유연성을 더한 슈퍼 커패시터를 개발 중이다.

벤 시아 박사와 존 알퍼 박사는 기존 슈퍼 커패시터가 사람의 인체, 우주, 깊은 바닷 속 화산 등 극한 환경에서도 성능을 발휘할 수 있도록 연구하고 있다.

벤 시아 박사는 투과성이 우수한 탄소 소재를, 존 알퍼 박사는 탄화실리콘 나노와이어를 사용한 마이크로 슈퍼 커패시터용 양극재를 개발했다.

벤 시아 박사는 마이크로 슈퍼 커패시터가 극한 환경에서도 견딜 수 있도록 양극재의 성능을 개량했다. 벤 시아 박사는 표면이 고르고 전기를 잘 전달하는 다공 탄소에 주목했다. 슈퍼 커패시터는 적절한 에너지 밀도를 얻으려면 고품질의 표면을 지닌 양극재 개발이 중요하다.

다공 탄소는 성능이 활성 탄소와 비슷하고, 쉽게 모양을 만들 수 있어 칩에 올릴 수 있지만 아주 작은 마이크로 슈퍼 커패시터 칩에 올리기에는 쉽지 않다. 마이크로 슈퍼 커패시터는 제조할 때부터 기존 슈퍼 커패시터와 다른 방법을 사용해야 한다.

또 벤 시아 박사는 광경화성 수지를 열분해하는 방법을 개발해 리튬이온 전지의 4배 수명인 5000 사이클 이상의 긴 수명을 지닌 마이크로 슈퍼 커

나노와이어
나노끈이라고도 함. 나노미터 단위의 크기를 가지는 와이어 구조체를 말함. 대체로 10nm 미만의 지름을 가지는 것에서부터 수백nm 지름의 나노와이어를 포함해서 일컬으며, 길이 방향으로는 특별히 크기의 제한이 없다.

패시터 양극재를 만들었다. 광경화성 수지 열분해
는 쉽게 말해서 빛만 쪼여도 단단히 굳는 물질을
태워 양극재로 만드는 작업이다. 마이크로 크기의
장치에 보다 쉽게 장착할 수 있는 방법도 개발해
생산 비용도 낮췄다. 소재 기술 뿐 아니라 비용도
고려했기 때문에 마이크로 슈퍼 커패시터의 상용
화를 한 단계 앞당긴 것으로 평가받고 있다.

한편 존 알퍼 박사는 실리콘 나노와이어를 활용
한 슈퍼 커패시터 양극재 개발에 집중했다. 실리
콘 나노와이어는 성분이 실리콘이지만 굵기가 나노미터 수준에
불과하다. 존 알퍼 박사는 2012년 실리콘 나노와이어에 탄화실
리콘 나노와이어를 코팅해 부식을 방지하는 기술을 개발했다.
탄화 실리콘 나노와이어는 실리콘 나노와이어를 불에 굽거나
화학 처리해 탄소 성분만 남은 것을 말한다.

존 알퍼 박사는 2013년엔 탄화 실리콘 나노와이어를 사용한
마이크로 슈퍼 커패시터 양극재를 개발했고 한 발 더 나아가 그
래핀을 이용해 나노 와이어의 접촉 저항을 줄였다. 이때 개발한
탄화실리콘 나노와이어는 기존 실리콘 나노와이어보다 앞선 기
술이다. 굵기가 기존의 5분의 1 수준이었으며 수명도 20만 사이
클로 늘었다. 20만 사이클은 거의 반영구적으로 쓸 수 있는 수

준이다. 전기용량 등 성능은 기존 커패시터와 비슷하다.

고온에 적합한 마이크로 슈퍼 커패시터의 양극재 소재가 탄생한 것이다. 하지만 존 알퍼 박사는 여기서 머무르지 않고 탄화실리콘 나노와이어에 그래핀을 덧씌웠다. 학계는 존 알퍼 박사가 결과적으로 새로운 마이크로 슈퍼 커패시터를 개발했다고 판단하고 있다.

새로운 기술인 슈퍼 커패시터로 우리는 한 순간에 강한 전기를 얻을 수 있게 되었다. 소재와 비용 등 풀어야 할 문제들은 많다. 과학자들은 지속적인 연구를 통해 하나하나 해결해가고 있다.

미래가 요구하는 미래 축전기, 더욱 좋아진 슈퍼 커패시터의 개발을 기대해 본다.

슈퍼 커패시터의 장점을 살려라

태양광 모듈에서 전기가 생산된다고 하더라도 그 전기를 바로 사용할 수는 없다. 또 전기를 안정적으로 쓰려면 주파수를 60헤르쯔^{Hz}에 맞춰야 한다. 그런데 태양광이나 풍력은 빛이나 바람의 세기가 불규칙하기 때문에 생산된 전기의 주파수도 불규칙할 수밖에 없다.

슈퍼 커패시터는 태양광과 풍력의 들쑥날쑥한 주파수를 메워주는 역할을 한다. 주파수를 메우는 역할은 슈퍼 커패시터 뿐만 아니라 리튬이온 전지도 할 수 있지만 슈퍼 커패시터가 리튬이온 전지보다 더 빠르게 반응한다.

또 리튬이온 전지의 경우 인공심장을 움직이는 장치 등에서 사용하기는 적당하지 않다. 이 땐 슈퍼 커패시터를 사용해 빨리 인공심장 장치를 작동시켜야 한다.

이런 장점에도 불구하고 모든 기기에 슈퍼 커패시터를 쓸 수는 없다. 가격도 비싸지만 슈퍼 커패시터는 전기를 빨리 충전하는 만큼 빨리 방전하는 성질이 있기 때문이다.

그래서 고안한 방식이 응급실에서 인공심장장치를 이용할 때 처음엔 슈퍼 커패시터를 사용해 우선 장치를 돌리고 이후에 리튬 이온 전지를 사용한다. 리튬이온 전지와 슈퍼 커패시터 각각의 장점을 살리는 것이다.

Part 5
새롭게 상상하라,
에너지의 변환!

상상하는 힘

새롭게 상상하라, 에너지의 변환!

누가 화석연료를 이용해 전기를 만들고, 자동차를 움직이고, 따뜻한 겨울을 날 수 있다고 생각했을까? 누가 태양광, 태양열, 풍력, 조력, 수력, 바이오에너지, 지열 등 새로운 에너지원을 생각했을까?

과학자들이 에너지원을 생각하면서, 상상 속으로 들여온 것은 아마도 '태양'이 었을 것이다.

'저 태양만큼 뜨겁고, 밝은 에너지원을 갖고 싶다'

먹이 사슬을 결정하는 광합성

태양은 모든 에너지원의 근원이다. 식물은 태양광을 이용해 광합성을 한다. 이때 탄산가스와 물을 결합시켜 포도당$C_6H_{12}O_6$을 만든다. 포도당은 식물이 살아 움직일 수 있는 에너지다. 동물은 식물이 만든 포도당 덩어리를 먹고, 포도당과 체내의 산소를 결합시켜 탄산가스와 물로 되돌린다. 이 과정에서 에너지를 얻는다.

또 태양은 자체로 태양열과 태양광을, 땅에게는 지열을, 식물에게는 바이오에너지를, 바다에게는 조력과 수력을 가능케 하는 원천이다. 태양은 땅 속에 석유와 석탄을 만들고, 이제는 셰일가스도 만든다.

먼 과거부터 제사장들이 태양을 숭배했다면, 과학자들은 태양의 원리를 이용해 인간에게 유익한 '에너지원'을 만들고자 했다.

과학자들의 '태양'에 대한 상상이 없었다면, '태양의 원리'를 그려보고, 동작시켜 보는 상상의 힘이 없었다면, 지금 우리가 편하게 사용하는 '에너지원'들은 없었을 것이다.

인류의 상상력이 중요한 이유다.

우리 사회에서 왜곡된 말 '상상력'

　우리 사회에서 꼭 필요한 단어이면서도, 너무 흔해서 본래의 뜻조차 왜곡당하는 말들이 있다. 그 중 하나가 '상상력'이다. 상상력을 키우기 위해 '무엇'인가를 배우는 아이들도 있다. 미술학원의 이름이 '상상'이거나 '상상하는 힘 키우기'라는 프로그램으로 예술 활동을 하는 경우도 있다. 여전히 우리 사회는 상상력을 중요한 가치로 여기면서도 '어떻게' 배우기보다는 '무엇'을 배우는 것에 몰두하고 있다.

　상상력이라는 지점으로 가기 위해, 우리는 여러 개의 다리를 건너야 한다. 느낌과 직관, 통찰의 다리를 건너야 한다. 또 그 다리로 가기 위해 반드시 거쳐야 하는 건물이 있다. 건물의 이름은 '관찰'이다.

　느낌이란 특정한 대상을 통해 나에게 전해지는 그 무엇이다. 직관이란 느낌을 통해 무언가를 그냥 알아채는 것이다. 통찰이란 직관의 능력과 자신의 경험과 지식을 통해 무언가를 아는 것이다. 관찰을 통해 특정한 대상은 나에게 느낌과 직관과 통찰을 전한다. 이 네 가지가 융합되지 않으면, 우리의 상상은 '상상력'으로 이어지지 않고, 멈추게 될 것이다.

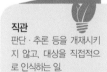

직관
판단·추론 등을 개재시키지 않고, 대상을 직접적으로 인식하는 일.

통찰
생활체가 자기를 둘러싼 내적·외적 전체 구조를 새로운 시점에서 파악하는 일.

상상과 상상력의 차이는, 망상과 창조적 행위의 차이다. 상상이 상상력으로 이어질 수 있도록 돕는 행위가 '교육'이다. 우리나라는 다행히 지금까지의 교육에 대한 반성으로 융합·통섭·통합을 도입한 새로운 교육이 자리잡고 있다. 서울시와 경기도의 혁신교육, 화성시의 창의지성교육 등이 그것이다.

'무엇'을 가르치는가 보다 '어떻게' 가르치는가를 고민하는 속에서 아이들의 '상상력'은 꿈틀댈 것이다.

상상력의 총체, 열전발전과 핵융합

이 장에서 소개하는 미래에너지는 『열전발전』과 『핵융합』이다.

등산을 할 때 등에 매고 다니는 배낭이나 입고 있는 등산복이 작은 발전소가 될 수 있다. 에너지의 원천은 사람의 체온이다. 배낭과 등산복에 부착한 열전 소자를 이용해 전기에너지를 얻는 것이다. 배낭에서는 어두운 산길을 밝혀줄 불빛이 흘러나올 수 있으며, 더운 여름철엔 등산복에서 시원한 바람이 불어 올 수도 있다.

열전발전
열에너지를 직접 전기에너지로 변환하는 방식.

핵융합
1억℃ 이상의 고온에서 가벼운 원자핵이 융합하여 더 무거운 원자핵이 되는 과정에서 에너지를 창출해 내는 방법.

열전 소자는 열을 가하면 전기를 생산하고 전기를 가하면 열을 흡수하는 특성이 있다는데, 체온이 열을 만들어 전기를 생산하는 것이다.

체온을 이용해 배터리를 충전하는 기술 〈출처: (주)테그웨이〉

교류발전기
어떤 형태의 에너지를 전류의 방향이 계속 변하는 교류 형태의 전기 에너지로 전환시켜 주는 장치.

니콜라 테슬라
1856년~1943. 크로아티아 출생. 미국의 전기공학자. 미국의 에디슨 회사에서 수년간 발전기와 전동기를 연구하였으며, 테슬라 연구소를 설립하고, 최초의 교류 유도전동기와 테슬라 변압기 등을 만들었다.

알베르트 아인슈타인
1879년~1955년. 독일 출생의 이론물리학자. 광양자설, 브라운운동의 이론, 특수상대성이론, 일반상대성이론을 발표.

체온 뿐만 아니다. 버려지는 전파도 전기로 바꿔 사용할 수도 있다. 교류발전기를 만들었던 과학자 니콜라 테슬라는, 100년 전 허공을 통해 무선으로 전기를 보내는 계획도 세웠다고 한다. 대단한 상상력, 대단한 시도였다.

과학자들의 '버려지는 자원을 모아 에너지로 만들고 싶은 갈망과 상상'이 지금의 열전발전을 만든 것이다.

핵융합 발전은 알베르트 아인슈타인의 발견이 있어 가능했다. 핵융합은 태양이나 별에서 일어나는 반응이다. 지구에서 발생하는 모든 에너지의 원천은 태양에너지다. 핵융합은 태양에너지를 만드는 힘이다. 수소 원자핵 네 개가 뭉쳐 헬륨He이 만들어지는 과정에서 상상할 수 없는 에너지가 나온다. 융합이 일어날 때 질량이 손실되는데, 이 질량만큼 엄청난 에너지가 배출되는 것이다.

아인슈타인의 특수상대성이론인 『$E=mc^2$』는 태양이 빛을 내는 원리를 밝혀낸 이론이다. 특수상대성이론을 통해 지구상에서도 태양과 똑같은 반응이 일어나도록 할 수 있겠다는 상상을 할 수 있게 되었다. 그것이 인공태양, 곧 핵융합 발전로이다.

상상하라, 지금

"나는 어떤 생각이 떠오르면 머릿속에서 반드시 즉시 그것의 기본 모양을 상상으로 그려본다. 상상 속에서 그것의 구조를 바꿔보기도 하고 한번 작동을 시켜보기도 한다. 중요한 것은 내가 실물이나 형체 없이 그 모든 것을 상상 속에서 한다는 것이다"

테슬라는 이렇게 말했다. 그의 상상력은 창조적 행위다.

"지식보다 중요한 것은 상상력이다"
아인슈타인은 이렇게 말했다. 그의 상상력은 우주의 비밀을 푸는 열쇠가 됐다.
테슬라와 아인슈타인의 상상력이 단순한 상상에 그쳤다면, 전파를 전기로 만들 수 있는 과학적 발명도, 인공태양을 이용해 에너지를 얻는 일도 불가능했을 것이다.
누가 아직 발견하지 못한 비밀의 상자를 만날 수 있을까?
여러분이 그 주인공일 수 있다.
지금 바로 '상상력' 하라.

상상력
두번째 이야기

열 ➡ 전기
열전 소자

열을 가하면 전력 생산,
전력을 가하면 열을 흡수하는 『열전 소자』

    2020년 어느 날, 아주 특별한 손목시계를 만날 수 있다. 사랑하는 사람에게 이 시계를 선물한다면, 그 사람의 건강상태에 대한 정보, 그 사람의 위치, 주변 풍경 등을 담은 동영상이 내 손목시계에도 그대로 보내진다. 또한 시계는 멈추지 않는다. 전원 없이도 사람의 체온, 즉 열에너지가 전기에너지로 바뀌어 시계를 움직이는 동력으로 사용되기 때문이다. 그렇다면 어떻게 사람의 체온이 전기에너지로 바뀔 수 있을까? 열전 소자가 그 비법이다. 열전소자는 열과 전기의 상호 작용에 의해 열이 전

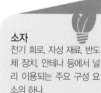

소자
전기 회로, 자성 재료, 반도체 장치, 안테나 등에서 널리 이용되는 주요 구성 요소의 하나.

기로 변하는 효과를 이용하는 소자를 말한다.

지붕 위 태양광 발전 모듈도 오래전에 출력이 종전보다 두 배 이상 좋아졌다. 태양광 발전 초기에는 결정질 실리콘을 이용해 빛을 전기로 바꿨지만, 지금은 태양광 모듈에 열전 소자를 더해 전기에너지를 얻는다. 햇빛으로 달궈진 태양광 모듈 표면 온도가 전기에너지로 바뀌어 전기를 생산한다.

대부분의 가전제품에는 열전소자가 들어간다. 예전에는 그냥 버려지던 열이 전기로 바뀌어 에너지 효율을 높이고 있다. 전기를 가하면 열을 빨아들이는 흡열 효과가 있어 냉매 대신 열전 소자를 설치한 냉장고도 가정에 많이 보급되고 있다.

문득 손에 든 꽃다발 사이로 반딧불이 반짝인다.

'아! 여기에도 열전 소자가 숨어 있구나!'

꽃 사이 숨겨 놓았던 광섬유들이 열전 소자를 품고 있어, 만지자마자 체온에 의해 전기로 바뀐다. 이 열전 소자 덕에 마치 반딧불이 앉은 것처럼 화려하게 반짝인다.

쓰임새가 많은 열전 소자

열전 소자는 열을 가하면 전기를 생산하고 전기를 가하면 흡열 반응을 하는 특성이 있다.

열을 전기로 바꾸는 발전원은 세상에 많다. 발전소 터빈이 대표적이다. 발전소 터빈은 석탄이나 가스로 물을 끓이고, 거기서 발생하는 증기의 힘으로 터빈을 돌린다. 하지만 열이 물을 데우고, 그 물이 증기로 변환해 터빈에 뿜어지는 등 많은 단계를 거쳐 에너지가 발생되기 때문에 그 과정에서 에너지가 많이 손실된다. 그래서 화력발전소의 효율은 더 나아지지 않고 30% 후반에 머물고 있다.

만약 중간 단계 없이 열을 바로 전기로 바꿀 수 있다면 에너지 손실을 줄일 수 있을 것이다. 열전 기술은 이러한 중간 단계를 생략하여, 바로 열을 전기로 바꾸는 기술이다.

가장 처음 열전 기술이 도입된 곳은 군대였다. 열추적 미사일에 붙은 열전 소자는 목표물이 내뿜는 열을 센서를 이용해 고스란히 전기 신호로 바꾼다. 이 전기 신호는 열추적 미사일의 엔진과 날개를 조정해 목표물을 계속 추적할 수 있게 한다.

열전 소자는 군사용 무기뿐만 아니라 일상생활에서도 여러 가지로 응용된다. 손목 시계 뒷면에 열전 소자를 달아 체온을

열추적 미사일
항공기 엔진의 열을 탐지해 추적해서 공격하는 열적외선추적 방식의 미사일.

센서
외부 자극이나 신호를 감지하는 기구로, 인간의 감각 기관이 감지하기 어려운 외부 신호나 위험한 신호도 감지하여 전기 신호로 바꾸어 주는 장치.

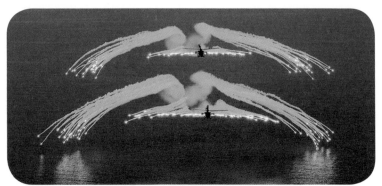

열추적 미사일을 피하기 위해 플레어를 투척하는 공격 헬기들.
열추적 미사일이 열을 전기로 바꿔, 열추적을 피하기 때문에 불꽃을 쏘아올려 교란한다.
〈출처: 국방홍보원〉

전기로 바꿔 시계바늘을 움직일 수도 있으며, 열전 소자가 달린 가스보일러는 난방과 발전에 모두 이용할 수 있다. LED 등도 마찬가지다. 반도체의 일종인 LED는 빛과 함께 많은 열을 발생하는데, 이 열은 방열판을 통해 배출된다. 방열판에 열전 소자를 넣고 전기를 만들어 다시 사용한다면 LED가 빛을 내는데 사용하는 전력량을 줄일 수도 있다.

열전 소자는 주변의 열을 흡수하는 성격이 있어, 열전 냉각이 가능하다. 즉 냉장고를 사용할 때 열전 소자의 이러한 성질을 잘 사용한다면 주변의 열을 뺏는 냉매 대신 사용할 수 있다. 보통 냉매로 많이 사용하는 프레온가스는 지구의 오존층

플레어
보통 항공기가 하강속도를 줄이기 위해 폭발적인 에너지를 방출하는 것을 말한다.

LED
빛을 내는 반도체. 백열등의 1/6 정도 전력이 쓰이며, 수명은 백열등의 8배 길다. 수은 등 유해물질이 없어 친환경적인 분야로 각광받고 있다.

방열판
복사나 대류 현상 따위를 이용하여 열을 잘 방출할 수 있도록 만들어진 판.

을 파괴하는 중요한 원인이다. 프레온가스 대신 열전 소자를 이용하면 오존층 파괴 염려도 없게 된다. 냉매를 순환시키는 기계장치도 없앨 수 있어, 기계 장치를 줄인 만큼 소음과 진동도 줄게 되고, 크기도 작아질 수 있다. 게다가 열전 소자의 수명이 20만 시간에 달하기 때문에 8,300일, 즉 23년 정도 사용할 수 있게 된다.

'열전 소자', 원리는 무엇일까?

열전 소자는 서로 반대 방향으로 작동하는 두 개의 반도체를 연결해 만든다. 서로 다르게 작동하기 때문에 N형 열전반도체, P형 열전반도체라고 부른다. 여기서 N은 네가티브, 즉 '마이너스(−)'를 의미하고 P는 포지티브, 즉 '플러스(+)'를 의미한다.

열전 소자의 구조는 간단하다. 구슬로 목걸이를 만들 듯 N형 열전반도체 다음에 P형 열전반도체를 이으면 열전 소자가 만들어진다. 열전 소자에 전기를 통하게 하면 N형과 P형 열전반도체가 서로 연결된 지점에서 열이 흡수되거나 방출된다. 보통

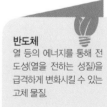

반도체
열 등의 에너지를 통해 전도성(열을 전하는 성질)을 급격하게 변화시킬 수 있는 고체 물질.

-30~180도$^\circ$C 사이에 해당되는 열을 만들 수 있다.

그런데 0도$^\circ$C 이하를 왜 열이라는 개념으로 말하는 것일까? 사실 차가운 상태에 있는 얼음도 열이 있는 상태로 볼 수 있다. 과학에서는 열이 완전히 없는 상태를 절대온도라고 부르는데 섭씨 -273, 즉 -273도$^\circ$C일 때다. 열전 소자가 -30도$^\circ$C까지 온도를 낮춰 냉각해도 여전히 절대온도보다는 훨씬 높은 상태이므로, 열을 갖고 있는 셈이다. 0도$^\circ$C도 마찬가지로 볼 수 있다. 물$_{H_2O}$도 고체로 변하는 어는점이 0도$^\circ$C일 뿐 열이 완전히 없는 상태가 아니다. 단지 액체 상태인 물보다 열량이 적어 사람에게 더 차갑게 느껴질 뿐이다.

시벡 효과$^{Seebeck\ effect}$와 펠티에 효과$^{Peltier\ effect}$

하나의 열전 소자에서 발전과 냉각이 동시에 이뤄진다. 신기한 일이다.

독일의 시벡은 1821년에 열전 소자의 발전 원리를 발견했다. 시벡은 구리와 비스무트, 혹은 비스무트와 안티몬을 교차로 연결해 접합 부분의 한쪽을 가열할 때 전기가 발생하는 사실을 발견했다. 후에 사람들은 열전 소자의 발전 능력을 시벡의 이름을

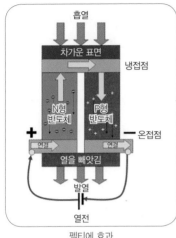
펠티에 효과

따 『시벡 효과』라고 부른다.

프랑스의 펠티에는 1943년 열전 소자의 냉각 효과를 발견했다. 펠티에는 열전 소자에 직류전기를 흘렸더니 접합부 한쪽에선 흡열이 일어나고 다른 한쪽에선 발열이 일어난다는 사실을 발견했다. 이전에는 사람들은 전선에 전

류를 흘리면 발열 현상만 나타나는 줄 알았기 때문에 펠티에의 발견은 크게 주목받았다. 시벡 효과처럼 열전 소자의 흡열 혹은 냉각 현상을 펠티에 이름을 따 『펠티에 효과』라고 부른다.

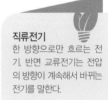
직류전기
한 방향으로만 흐르는 전기. 반면 교류전기는 전압의 방향이 계속해서 바뀌는 전기를 말한다.

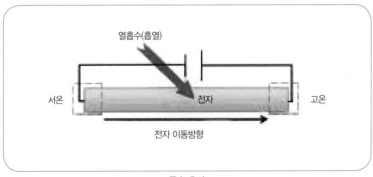
톰슨 효과

이 외에도 열전 소자의 특성과 관련해『톰슨 효과』Thomson Effect
라는 것이 있다. 미국의 톰슨이 열전 소자의 발전과 냉각 현상
을 정리하면서 1851년에 발표한 효과다.

톰슨은 N형 열전 반도체에 저온에서 고온으로 전자들이 이동
하도록 전기를 걸어주면 내부에 있는 전자들이 막대에서 열을
흡수해 냉각효과가 일어날 것이라고 봤다. 반대로 전기를 걸어
주면 전자들은 막대에 열을 버릴 것이라고 봤다. 이들 효과들을
통해 열전발전을 이용한 다양한 활용이 이루어지고 있다.

열전 소자, 다른 에너지원보다 앞선 기술

열전 소자는 아직 개발 중인 기술이다. 과학자들은 소재를 개
발해 보다 나은 성능을 지닌 열전 반도체를 만들기 위해 노력하
고 있다. 열전 발전은

차량에 탑재되는 열전 소자

연료전지 · 태양전지 ·
풍력 보다는 발전량이
작지만 온실기체가 발
생하지 않는다. 발전비

용도 낮은 특징을 지니고 있다.

열전 소자는 이미 산업에서 응용될 채비를 갖추고 있다. 자동차 회사나 발전회사에서 열전 소자를 이용해 버려지는 열, 즉 폐열을 전기로 바꿔 에너지 효율을 높이는 방안을 연구하고 있다.

세계는 『열전 소자 개발』에 열중

유럽·미국·일본·우리나라가 열전 소자 개발에 나서고 있다. 특히 열전 발전은 자동차에서 활용할 수 있는 부분이 많기 때문에 각 나라의 유력한 자동차 완성품업체들이 서둘러 개발하고 있다. 우리나라 현대자동차를 비롯해 유럽의 BMW, 폭스바겐, 사브, 볼보, 미국의 지엠과 포드, 일본의 토요타와 혼다, 닛산, 마쯔다가 열전발전을 응용한 기술개발에 나서고 있다.

열전 소자를 이용하면 내연기관의 상당부분을 전기모터로 대체할 수 있어 냉각기, 각종 펌프류 등을 설치하지 않아도 된다. 진정한 하이브리드차가 탄생하는 셈이다.

하이브리드차는 자동차가 저속으로 달릴 때는 전기모터로 움직이고, 고속으로 달릴 때는 가솔린 엔진으로 움직인다. 열전 소자가 없는 하이브리드차는 바퀴의 동력을 발전기에 전달해

전지에 충전해 뒀다가 전기모터를 움직일 때 쓴다. 열전 소자가 있으면 엔진이 움직일 때 발생하는 열을 바로 전기로 바꿔 쓸 수 있을 뿐만 아니라 전지에 저장해뒀던 전기로 열전 소자를 작동해 엔진을 냉각시킬 수도 있다.

각국의 특색있는 열전 발전

일본에선 변압기에서 발생하는 폐열을 이용하는 열전 발전시스템을 개발하고 있다. 변압기는 발전소에서 생산된 전기를 용도에 맞게 전압을 조절하는 기기로, 전압을 높이기도 하고 낮추기도 하는데 그 과정에서 많은 열이 발생한다. 그 열을 열전 소자에 가해 다시 전력을 생산할 수 있다. 버려질 수도 있는 열을 재활용하기 때문에 그만큼 발전소를 덜 지어도 된다.

온천에 열전 소자를 설치해 발전을 하기도 한다. 실제로 일본 기업인 도시바는 일본 군마현의 쿠사

변압기
교류 전기회로에서 전압을 증가 또는 감소시켜 다른 교류로 전기회로로 전기 에너지를 전달하는 기구.

도시바
일본기업 원자력, 화력, 수력 등 여러 가지 종류의 거대한 발전설비를 다루는 회사.

일본에 설치된 온천을 이용한 열전 발전 시스템 〈출처: 한국전기연구원〉

태양광 모듈 뒷면에 부착된 열전 소자 〈출처: 한국전기연구원〉

초 온천에 150와트$^{\rm W}$의 발전기를 설치해 4년 6개월간 가동하기도 했다. 95도$^{\rm \circ C}$의 열을 전기로 바꿔 사용하는 것이다.

중국도 뒤질세라 열전 소자 개발에 뛰어들었다. 일본에 이어 태양광 발전 패널 뒷면에 열전 소자를 설치해 뜨겁게 달궈진 패널의 온도로 전기를 생산, 이를 통해 태양광 추적기를 움직이는 실험에 나섰다. 태양광 추적기는 태양광 발전 패널이 태양을 정면으로 바라볼 때 전력이 가장 많이 생산된다는 점에 착안해 개발된 기기다. 태양광 발전 패널이 전기모터를 움직여 태양을 정면으로 바라볼 수 있도록 방향을 바꾼다. 아직 기술은 성공하지 못했다. 태양광 추적기를 구동하기 위해서는 전력이 4와트$^{\rm W}$가 필요한데, 지금 개발된 열전 소자로는 0.65와트$^{\rm W}$ 밖에 생산하지 못해 동력이 약하다.

독일은 자동차와 열병합발전의 열효율을 향상시키기 위한 열전 소자를 개발하기 위해 연구하고 있다. 열병합발전은 가스발전으로, 가스를 태운 힘을 이용해 터빈을 돌려 전기와 열을 동시에 생산한다. 전기는 전기대로 가정에 공급하고, 열은 대단위 아파트나 공장에 온수나 난방을 위해 공급된다.

열과 전기가 동시에 생산되는 열병합발전소는 열전 소자 활용에 맞춤이다. 열전 발전으로 열을 이용해 추가로 전기를 생산하고, 열전 냉각으로 과열될 수 있는 가스터빈과 엔진의 온도를 낮출 수 있다.

미국은 열전 소자 분야의 최고 기술을 보유하고 있다. 학계의 연구 수준도 최고다. 일찍이 열전 소자를 우주군사기술용으로 개발했기 때문에 앞선 기술력을 갖고 있다. 우주군사기술용 열전 소자를 산업용으로 사용할 수 있도록 활발히 응용하고 있으며, 특히 태양광 발전 기술에 적용하기 위해 주력하고 있다.

우리나라는 어떠할까?

우리나라 한국전기연구원은 2014년 열전소자를 이용한 발전을 통해 제곱센티미터$^{cm^2}$당 면적 0.9~1.2와트^{W}의 전력을 생산하는 기술을 개발했다. 앞으로 향후 제곱센티미터$^{cm^2}$당 1~3와트^{W}로 기술 수준을 끌어 올릴 계획이다.

열전기술을 연구해 온 한국전기연구원 박수동 박사에 따르면,

열전 소자를 이용한 발전기 〈출차: 한국전기연구원〉

우리나라는 짧게는 하이브리드차와 전기차, 산업폐열 회수, 차량용 열전 발전 등의 개발에 집중해 현재 5,000억 원 규모인 세계 시장으로 진출할 계획이다.

장기적으론 LED 등의 열전 냉각, 태양광 발전과 결합한 하이브리드 발전·선박용 폐열 발전·바이오와 원자력 발전 등에 응용할 수 있는 기술을 개발하는 것을 목표로 하고 있다.

이미 한국전기연구원은 열전성능지수^{T}이 1.78인 열전 소자를 개발한 바 있으며 세 종류의 물질에 대해 특허를 냈다. 보통 물질이 열전성능지수가 1이므로, 1.78이면 효능이 상당히 높은 편이다.

경희대학교 이종수 교수는 종전보다 월등한 성능을 자랑하는 N형 반도체 소재 개발에 성공했다. 이 교수는 인듐-셀레늄 계열의 N형 열전 반도체로 425도℃에서 열전성능지수^T 1.53을 달성했다. 발전용 N형 열전 소재로는 세계 최고의 효율이다. 작동 영역도

150~425도℃로 가장 넓어. 상용화될 가능성이 크다.

새로운 상상력이 시작되는 지점, 열전 발전이 열어가는 세상에서, 열은 전기를 품는 아프락사스다.

상상력
세번째 이야기

찬란한
인공태양

인공태양의 엄청난 힘, 핵융합 발전

오염된 지구, 수십 년 동안 멈추지 않고 철로를 달리는『설국열차』안에 사람들이 있다. 그런데 봉준호 감독의 영화『설국열차』가 계속 달릴 수 있는 이유는 무엇일까? 핵반응을 이용해 생산된 전력으로 힘을 받는 엔진인 핵융합 덕분이다.

천재 물리학자 아인슈타인은 '모든 물질은 고도로 밀집된 에너지덩어리'라는 말을 통해 물질 스스로 에너지를 낼 수 있는 원천을 갖고 있다고 주장했다. 핵융합 엔진은, 태양이 에너지를 내는 방식을 닮은 인공태양을 만들어 추진력을 얻는 것이다. 방사능도 없고, 폐기물도 없어 너무도 친환경적인 에너지원이기도 하다.

태양은 중심핵에서 매 초당 4억 3천만 톤에서 6억 톤의 수소를 태운다. 수소 1그램의 핵융합 에너지가 약 8톤의 석유에너지와 비슷하다고 하니, 태양이 내는 에너지양은 상상을 초월한다.

설국열차는 인공태양을 싣고, 그 태양의 원리를 이용해 끊임없이 달려가고 있다. 물론 그 안에서는 살아남은 사람들의 갈등과 반목으로 모두는 생존의 위험에 빠지지만 설국열차는 그저 달려갈 뿐이다. 사람들은 태양의 발전원리를 흉내내어 핵융합의 원리를 미래의 열차에 도입했지만, 미래인간이 지녀야 할 '인격'은 갖추고 있지 못한 것일까. 기술을 닮은 사람의 출현이 기다려진다. 영화는 미래의 위험은 '기술'이 아니라 '사람'이라는 것을 잘 보여주고 있다.

아인슈타인의 발견, 『E=mc²』

핵융합에너지의 발생은 별이 빛을 내는 원리와 비슷하다.

태양은 빛에너지를 품고 있다. 이 에너지를 통해 인류는 생존할 수 있다. 태양의 빛에너지는 지구 뿐 아니라 태양계 전체에 전달되는데, 이 빛이 바로 핵융합 반응의 결과로 생겨난 것이다. 핵융합에너지는 태양계의 '생존'을 지탱하는 원천이다.

태양은 거대한 수소와 헬륨 덩어리이다. 태양은 중심핵에서 매초 4억 3000만~6억 톤의 수소를 태워 헬륨과 에너지를 만들어 낸다. 그 에너지가 바로 핵융합 에너지다. 태양은 자기 안에 있는 수소를 헬륨으로 바꾸는데, 그때 거대한 에너지가 생산된다.

헬륨
수소 다음으로 가벼우며, 무색·무미·무취의 기체로 끓는점은 −268.6℃이다. 25기압 정도로 압력 이상이어야 헬륨이 고체화될 수 있다. 별에서는 핵융합에 의해 수소로부터 합성된다. 풍선에 넣는 가스로도 사용된다.

질량
물리학에서 물질이 가지고 있는 고유한 양을 일컫는 말. 단위는 킬로그램(kg).

아인슈타인에 따르면 물질이 질량을 잃은 만큼, 그 질량이 그대로 에너지로 전환된다. 이를 공식으로 표현하면 『$E=mc^2$』이다. E는 에너지이고, m은 질량, c는 빛의 속도다. 질량이 곧 에너지

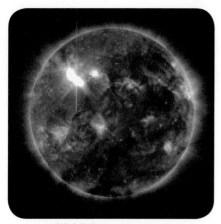

태양의 폭발 〈출처: 한국천문연구원〉

가 된다는 의미로 이를 질량과 에너지는 같다는 뜻의 『질량-에너지 등가 원리』라고 부른다.

핵반응 발전은 이 공식에 충실한 전력생산 방법이다. 사람들은 핵반응에서 질량이 감소되면, 그

질량이 그대로 에너지가 되는 것을 알았다. 핵융합 에너지는 가벼운 원자핵들이 융합하여 무거운 원자핵으로 바뀌는 과정에서 발생되는 에너지다. 좀 더 설명하면 보통 바닷물 속에 많이 있는 중수소와 리튬이 품고 있는 삼중수소에 섭씨 2억 도℃ 정도의 엄청난 온도를 이용해 가열시키면 중성자와 헬륨으로 바뀌는데, 이때 질량이 줄어든다. 줄어든 질량은 어디로 갈까? 줄어든 질량만큼 에너지가 생산된다. 이것이 곧 핵융합 에너지로, 이를 밖으로 빼내 터빈을 돌려 전력을 생산할 수 있다.

중수소와 삼중수소를 알아야

현재 핵융합 반응에 주로 이용되는 물질은 수소 중에서도 중수소와 삼중수소다. 대부분의 수소는 원자핵이 양성자 하나로 이루어져 있다. 그러나 자연에 있는 수소 중 극히 일부는 원자핵에 양성자 하나와 중성자 하나가 있고, 더 적은 숫자의 수소는 양성자 하나와 중성자 두 개가 있다. 중성자 하나가 있는 수소를 중수소^{deuterium}, 두 개가 있는 수소를 삼중수소^{tritium}라고 한다. 한 개 또는 두 개의 중성자를 갖고 있어서 보통의 수소보다 무겁기 때문에 무거울 중(重)자를 붙인 이름이다.

양성자
중성자와 함께 원자핵을 구성하는 양의 전하를 가지고 있는 소립자.

중성자
원자핵을 구성하는 것 중 전하가 없는. 양성자보다 약간 무거운 입자.

핵반응로
원자로라고도 함. 연쇄 반응을 일으켜, 적절한 수준까지 조작하여 에너지를 얻는 장치이다. 대부분 전기 에너지를 만드는 데 사용됨.

수소, 중수소, 삼중수소

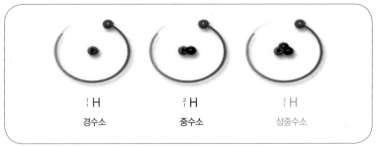

수소의 종류 〈출처: 위키디피아〉

핵융합을 이야기하기 위해서는 수소를 알아야 한다. 수소는 발열량이 큰 원소로, 수소를 연소시키면 물 밖에 생성되지 않아 깨끗한 에너지원이 될 수 있다. 최근 수소에너지가 각광받는 이유다.

이 수소 중 핵융합 반응에 이용되는 물질은 중수소와 삼중수소다. 공통적으로 들어간 '중'자는 무거울 중(重)으로, 수소보다 무겁기 때문에 사용하는 글자다. 대부분의 수소는 원자의 중심에 놓여 있는 원자핵이 양성자 하나로 이루어져 있지만 일부 수소는 원자핵에 양성자 하나와 중성자 하나가 있는데, 이를 중수소라고 한다. 수소에 비해 질량이 두 배나 된다. 흔히 바닷물에 대량으로 있다.

삼중수소는 양성자 하나와 두 개의 중성자로 구성되어 있다. 중수소 원자 2개가 원자핵 결합 반응을 일으킬 때 헬륨과 함께 생성된다. 이때 막대한 에너지가 방출된다. 상온 상태에서는 기체 상태이며, 리튬를 이용해 핵반응로에서 만들 수 있다.

깨끗해요, 안전해요, 재료도 쉽게 구할 수 있어요

핵반응을 통해 얻어지는 에너지하면 우리는 『원자력 에너지』를 떠올린다.

원자력은 핵반응에 의해 얻어지는 에너지, 즉 원자핵이 쪼개지거나 또는 합해질 때 방출되는 에너지를 일컫는 말로, 보통 핵에너지라고 부른다. 아인슈타인의 『질량-에너지 등가원리』는 원자력에너지의 기본원리로, 이 원리를 통해 원자력발전과 원자폭탄 제조 등이 가능해졌다.

그런데 문제는 안전성이다.

원자력에너지의 주요 원료로 사용하는 우라늄의 동위원소를 보면, 그 반감기가 원자량 -238은 반감기가 45억 년, 우라늄 -234는 24만 년, 우라늄 -235의 경우 7억 년이 걸린다.

동위원소
원자 번호는 같으나 질량수가 다른 원소

반감기
방사성 원소나 소립자 따위의 질량이 시간에 따라서 감소할 때, 그 질량이 최초의 반으로 감소하는 데 걸리는 시간.

특히 우리는 세계 제 1의 원전밀집국가로, 원자력발전에 큰 비중을 두고 있어 방사능 유출에 대한 우려가 있으며, 방사능 반감기도 문제가 된다.

핵융합 에너지는 원자력 에너지의 대안이 될 수 있다. 핵융합을 만드는 하나의 조건인 삼중수소가 내뿜는 방사능은 사람의 피부를 관통할 수 없고,

오로지 먹거나 흡입할 경우만 위험하기 때문에 잘 관리하면 위험하지 않다. 반감기도 12년에 불과하다. 원자력보다 지속가능한 발전이 가능한 것이다.

핵융합 발전은 원료를 쉽게 구할 수 있다는 장점도 있다. 우리나라는 3면이 바다이며, 중수소는 바다에 풍부히 녹아 있다. 삼중수소는 이차전지의 주요 재료인 리튬에서 구할 수 있다.

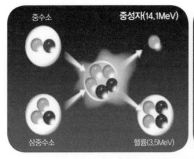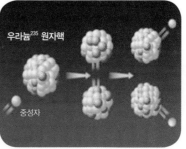

핵융합에너지와 원자력에너지의 핵반응

핵융합 발전은 이산화탄소도 배출하지 않는다. 발전에 사용하는 모든 물질은 1000도℃ 가량 되면 원자 상태로 낱낱이 분해되며 연료인 중수소와 삼중수소가 핵융합하면 헬륨과 중성자만을 배출할 뿐이다. 폐기물도 발생하지 않아, 대표적인 신에너지다.

반면 현재의 핵분열 원자력 발전은 사용 후 핵연료를 보관하는데도 위험성이 따르며 막대한 비용도 들어간다. 발전소의 수명이 다해 해체하는데도 천문학적인 비용과 안전장치가 필요하다.

방사선? 방사능 물질? 반감기?

반감기란 방사능 물질이 갖고 있는 방사능의 양이 반으로 줄어들 때까지 걸리는 기간을 말한다. 원자력 발전에 쓰이는 원자핵은 불안정한 구조를 갖고 있으며, 자연적으로 방사선을 방출하고 안정된 원자핵으로 변하게 된다. 이 과정이 거듭될수록 원자핵이 갖고 있던 방사능 양은 줄어들게 된다. 바로 이 방사능의 양이 절반으로 줄어들기까지 걸리는 시간이 반감기다.

그렇다면 방사능과 방사선, 방사능 물질의 개념은 무엇일까. 방사능은 라듐, 우라늄, 토륨 따위의 물질이 자발적으로 방사선을 내는 일이나 성질을 말한다. 방사선은 방사능을 가진 원자에서 발생하는 빛 또는 물질로 몸을 투과하면 분자와 공명하여 세포를 파괴시키거나, DNA 혹은 RNA의 수소결합을 절단하여 유전자를 파괴하거나 변형시킬 수 있다. 또 방사성 물질은 방사성 원소를 함유하는 물질을 통틀어 이른다.

반감기를 알면, 그 방사능 물질의 위험도를 알 수 있다. 반감기가 짧으면 원자핵이 빨리 안정된 구조를 갖는다는 것이며, 덜 위험하다는 뜻이다. 반감기가 길면 원자핵이 안정된 구조를 갖기까지 시간이 많이 걸린다는 뜻으로 훨씬 위험하다.

그런데 반감기는 방사능 수치가 반으로 줄어드는 것 뿐 사라지는 것은 아니다. 원자력연료의 발전 원료로 사용되는 우라늄239의 반감기는 2만 4천 년이다. 보통 반감기의 10배인 24만 년이 지나야 자연에서 안정적 상태로 돌아간다. 우라늄235의 반감기는 7억 1,300만 년, 우라늄238의 반감기는 45억 년이다. 한편 일본 후쿠시마원전사고로 누출된 세슘137의 경우엔 반감기가 30년이다.

과학계에서는 이들 방사능 물질을 덜 해로운 방사성 동위원소로 전환시키는 기술을 개발하고 있으나, 현재까지는 뚜렷한 성과를 얻고 있지 못하다.

『핵융합』이 넘어야 할 산

아직 해결해야 할 과제는 있다. 핵융합로를 작동하는 시간이 수 분 내로 짧다는 점이다. 핵융합로는 태양에서 나타나는 초고온상태의 수소핵 간 융합을 인공적으로 발생시켜 높은 에너지를 얻도록 한 장치로,『인공태양』이라고도 불리는 과정이다. 시간이 짧아 현재 기술수준으로는 투입하는 에너지양과 비슷한 수준의 에너지양만을 생산한다. 핵융합로를 오래 쓸 수 있도록 튼튼히 만드는 것도 관건이다. 우리나라 기술로 만들고 세계적으로 성능을 인정받는 케이스타KSTAR의 1.5m 두께의 시멘트 외벽을 만드는데 아파트 3,000 채를 지을 수 있는 분량의 시멘트가 들어갔다고 한다. 상상할 수 없는 비용이 필요한 것이다.

2007년부터 운영을 시작한 케이스타KSTAR는 2015년 현재까지 한국 · 미국 · 유럽 · 러시아 · 일본 · 중국 · 인도가 60억 유로를 투자해 개발하기로 한 국제핵융합 실험로인 이터ITER 장치의 참고 모델이 되었다. 케이스타KSTAR의 크기는 이터ITER의 25분의 1정도다.

KSTAR
1995년 개발에 착수해 2007년 대한민국이 독자 개발에 성공한 한국형 핵융합로(인공태양). 대전에 있는 공공기관인 국가핵융합연구소에 위치. 지름 10m, 높이 6m의 4,000억 원짜리 도넛형으로 생긴 핵융합 실험로.

수소폭탄

소련의 수소폭탄 차르 봄바가
터지는 장면

수소폭탄은 중수소와 삼중수소의 핵융합을 이용한 폭탄이다. 핵융합 발전과 수소폭탄은 원리가 같다. 핵융합 발전은 수소폭탄에서 일어나는 핵융합 반응을 느리고 지속적으로 만든 것이라고 할 수 있다.

수소폭탄은 습식과 건식이 있다.

습식은 액체 수소를 이용한 것이다. 습식 수소폭탄은 높은 온도를 가해 액체 중수소와 액체 삼중수소를 반응시켜 핵융합 반응과 동시에 높은 에너지가 방출된다. 별도의 냉각장치 등이 필요해 건식이 개발됐다.

건식 수소폭탄은 리튬과 수소의 고체 화합물을 사용한다. 중수소화리튬이 고온에서 중성자의 충격을 받으면 헬륨과 중수소와 삼중수소가 생성되고, 다시 중수소와 삼중수소가 융합하여 헬륨이 생겨나며 중성자가 튀어나오게 되는 식이다.

수소폭탄은 1951년 헝가리에서 태어난 유대계 미국 물리학자이자, '수소폭탄의 아버지'라고 불리는 에드워드 텔러가 개발했으며, 실제 사용된 수소 폭탄으로는 위험천만한 폭발력을 지닌 구 소련의 건식 수소폭탄『차르 봄바』가 있다.

자기 핵융합,
자석의 힘으로 플라스마^{plasma}를 꽁꽁 가두기

핵융합 장치는 크 게 자기 핵융합과 관 성 핵융합 방식 두 가지가 있다. 이 두 가지 방식은 플라즈 마를 가두는 방식에 차이가 있다.

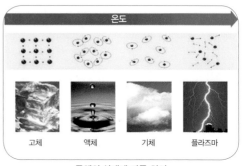

물체의 상태에 따른 차이

자기장의 힘을 이용하라

섭씨 2억 도℃의 상상할 수 없는 온도에서 핵융합 연료를 가열하면, 플라 즈마로 변한다. 플라즈마는 우리가 현실에서 보기 힘든 물질의 상태다. 고체·액체·기체가 아닌 제 4의 상태로, 자유전자들의 혼합체와 이를 통해 만 들어진 이온들이 같이 있을 때 생겨난다.

플라즈마는 여러 별에서 흔하게 볼 수 있다. 번 개 역시 플라즈마의 한 형태다.

자기 핵융합은 플라즈마를 자기장에 가둔 뒤 고온으로 가열한다. 자석의 힘, 즉 서로 밀고 당기는 힘이 작용하는 공간인 자기장은 전기의 성질을 지닌 플라즈마 입자를 다스릴 수 있기 때문에, 초고온의 핵융합 연료를 가둘 수 있다. 이 때 전하를 띤 플라즈마는 자기장 방향을 따라 회전하며 움직인다. 이런 회전하는 힘을 가장 잘 받고, 에너지를 발생할 수 있도록 밀폐시키는 장치를 도넛모양으로 만든다.

즉, 태양이 에너지를 발생시키는 것과 같은 상태를 만드는 것인데, 중력이 없는 지구상에서 플라즈마를 가두기 위한 장치다.

> **토카막(tokamak)**
> 핵융합 발전을 하는데 가장 중요한 과정인 플라즈마를 가두기 위해 자기장을 이용하는 도넛형 장치를 말한다. 핵융합 발전의 최적의 장치로 인정받고 있다.

토카막의 형태 〈출처: 국가핵융합연구소〉

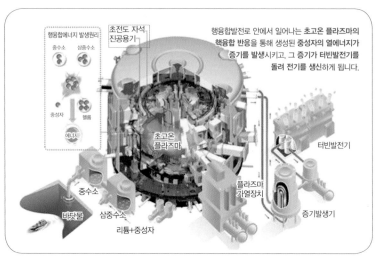

토카막형 자기 핵융합 발전로의 개념도 〈출처: 국가핵융합연구소〉

현재 핵융합로의 가장 앞서 있는 형태는 토카막 방식이다. 우리나라의 케이스타KSTAR, 이터ITER의 기본 모델이며, 일본과 미국 등도 이 방법을 사용하고 있다.

관성 핵융합, 레이저빔으로 태워라

핵융합의 또 다른 방식인 관성 핵융합은 레이저를 이용하기 때문에 레이저핵융합이라고도 부른다.

이 방식은 강력한 압력을 이용한다. 입자를 가두는 힘을 발생시켜 핵융합 연료를 가두어 핵융합 반응을 일으키는데, 이 힘이 바로 압력이다.

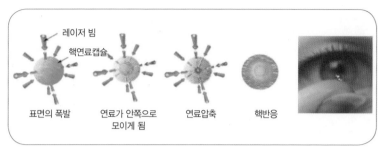

레이저 빔

핵연료캡슐

표면의 폭발   연료가 안쪽으로   연료압축   핵반응
모이게 됨

관성핵융합 단계 / 연료구슬의 크기

태양은 태양이 자체적으로 지니고 있는 매우 큰 중력이 태양 내부에 수소를 가둔다. 중력의 힘이 압력으로 작용하는 것인데, 관성 핵융합은 중력 대신 관성을 이용한다.

여기 연료구슬이 있다. 이 구슬은 직경 2~3mm의 작은 구슬로, 이 안에 핵융합연료인 중수소와 삼중수소를 얼린 작은 고체 알갱이가 넣어 있다. 사방에서 강력한 레이저를 쏘아 표면에서 폭발을 일으키고, 그 반작용으로 생기는 압축의 힘에 의해 순간적으로 핵융합 반응을 일으킨다. 좀 더 자세히 보면, 레이저에 의해 연료 표면이 증발되고, 그 안에 있던 핵융합연료는 레이저를 피해 반대 방향으로 운동하는 관성이 생긴다. 그리고 곧 구슬 안은 고밀도 · 초고온 상태가 되어 핵융합 연료가 가열되고, 핵융합 반응이 생기는 것이다. 관성 핵융합은 짧은 시간에 반응하기 때문에, 내부

직경
원이나 구 따위에서, 중심을 지나는 직선으로 그 둘레 위의 두 점을 이은 선분.

관성
물체가 외부의 힘을 받지 않는 한 정지 또는 등속도 운동의 상태를 지속하려고 하는 성질.

방사능
라듐, 우라늄, 토륨 따위의 물질이 자발적으로 방사선을 내는 일이나 성질 로 방사선이 몸을 투과하면 분자와 공명하여 세포를 파괴시키거나, DNA 혹은 RNA의 수소결합을 절단하여 유전자를 파괴하거나 변형시킨다. 아주 위험한 물질이다.

에서 일어나는 혼돈 현상을 막을 수 있다. 또 장치를 멈추는 것이 쉽기 때문에 발전로 중단으로 생기는 피해를 줄일 수 있다. 또 핵융합 반응을 일으킬 때 연료 대부분이 사용되기 때문에 방사능으로 인한 오염도 줄일 수 있다. 현재 관성 핵융합 방식을 도입해 시설을 지었거나 제작을 시작하고 있는 주요국으로는 미국, 일본, 프랑스와 중국이 있다.

이터^{ITER}가 본 뜰 한반도의 인공태양, 케이스타^{KSTAR}

초전도체
어떤 물질이 전기 저항이 '0'이 되고 내부 자기장을 밀쳐내는 등의 성질을 보이는 현상을 초전도 상태라고 하는데, 그런 현상을 보이는 물체를 말함.

국가핵융합연구소
미래창조과학부 산하 공공연구소. 핵융합에너지 연구개발의 선도 연구기관으로서 핵융합에너지 분야의 새로운 탐구, 기술선도, 개발 및 보급.

우리나라는 핵융합 발전의 선두주자다. 다른 나라가 일반 자석으로 플라즈마를 잡을 때 우리나라는 초전도체를 활용해 자기 핵융합의 장치 중 하나인 『토카막』을 만들었다. 2007년 자기 핵융합 발전인 KSTAR가 바로 그것이다. KSTAR는 이후 유럽에 건설 중인 ITER의 모델이 됐다.

KSTAR는 국가핵융합연구소가 1995년 12월에 착공해 2007년 8월 완공했다. 11년 8개월이라는

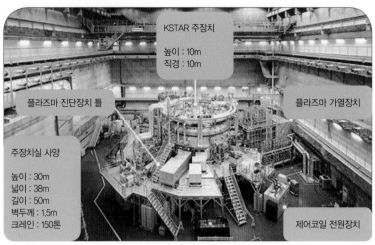

KSTAR 주 장치실 전경 〈출처: 국가핵융합연구소〉

긴 시간과 4,182억원의 건설비용이 들었다. 운영비만 해도 연간 약 400억원이 든다.

KSTAR는 자기 핵융합 발전 분야에서 여러 가지 신기록을 세웠다. 세계에 있는 다른 장치들과 비교했을 때 기술 면에서도 앞서가고 있다.

먼저 KSTAR의 플라즈마는 자석의 주위나 전류가 지나는 선 주위에 생기는, 자기력이 작용하는 공간인 자장에서 실험했을 때의 수치와 실제 가동했을 때의 수치의 차가 가장 작다. 2차원 첨단 전자영상 진단장치 두 대를 이용하여 세계 최초로 전 과정의 물리현상을 3차원적으로 측정하고 분석하는 데도 성공했다. 핵

획기적인 초전도체 기법 등을 적용한
한국형 핵융합 실증로 설계

한국형 상용화 핵융합 발전로인 K-DEMO의 모습 〈출처: 국가핵융합연구소〉

융합 플라즈마의 불안정성과 관련된 물리현상을 규명할 수 있게
되었다. 세계 최초로 초전도체로 토카막을 만들었다.

　세계는 KSTAR의 우수성을 인정했다. 세계 에너지와 기후변
화 대응 문제 등을 위해 세계가 힘을 합쳐 만든 기구인 국제핵
융합로 프로젝트를 의미하는 ITER도 KSTAR의 기술을 적용하기
로 했다. 이 기구에는 우리나라와 미국과 유럽, 일본 등이 참여
하고 있으며, 핵융합로 개발에 힘을 모으고 있다.

　ITER는 500메가와트[MW]급으로 프랑스 남부에 건
설하고 있다. 2007년부터 2042년까지 진행되며,
약 71억 유로, 즉 8조 9,000억 원이 든다.

　우리는 개발 비용 등에 막대한 돈을 투자하고 있
으며, 참여국들에게 기술력도 인정받아 2014년 3

500메가와트(MW)
보통 우리나라의 원자력발
전소가 1기가와트인데 1GW
는 1000MW로, 원자력발전
소의 발전량의 반 정도를
의미.

월 말 기준 ITER 국제기
구인 IO와 회원국으로
부터 68건, 2,719억원 규
모의 관련된 일을 담당
하기로 했다.

우리나라는 이를 바탕
으로 핵융합 상용화에
나설 계획이다. KSTR와
ITER의 연구결과와 그

ITER에 참여하는 국가의 깃발로 꾸민 로고

것의 재료가 되는 연구기술 등을 연결해서 『한국형 핵융합 실증
로』인 케이데모K-DEMO를 구상하고 있다.

보통 과학은 상상력에서 기획이, 기획에서 연구개발과정으로
넘어가고, 그 과정 후에 이것이 산업화, 현실화될 수 있는지를
파악하기 위해 실증사업을 벌인다. 실증 후에는 사업화, 상용화
단계로 들어선다.

『한국형 핵융합 실증로』인 K-DEMO는 어떤 인공태양을 선물
할까? 우리 핵융합 과학자들은 오늘도 KSTAR와 ITER 사이를 오
가며, '해답'을 찾고 있다.

『미래에너지전환 전문가 간담회』에 참석해주셨던
에너지 박사님! 고맙습니다!

[미래에너지 백과사전]의 토대가 되었던
[미래에너지전환 전문가 간담회]에
참석해주신 정부관계자 및 연구자, 기업인
모든 분들에게 감사드립니다.

여러분의 열정과 노력으로 '기후변화'는
조금씩 늦춰질 수 있을 것입니다.

산업자원통상부	**주현수** 사무관
미래창조과학부	**박정기** 사무관
한국전기연구원	**박수동** 박사
경희대학교	**이종수** 박사
한국과학기술원	**김진상** 박사
한국에너지기술평가원	**김미화** 박사
한국에너지기술평가원	**이정훈** 책임연구원
한국에너지기술연구원	**박상현** 박사
한국기계연구원	**한승우** 박사

산업자원통상부	**신영수** 사무관
미래창조과학부	**박정기** 사무관
한국지질자원연구원	**송윤호** 책임연구원
한국지질자원연구원	**황세호** 책임연구원
한국지질자원연구원	**신중호** 박사
서울대학교	**민기복** 교수
키스트	**오인환** 소장
한국에너지기술연구원	**홍종철** 실장
한국에너지기술평가원	**방기성** 팀장
한국에너지기술평가원	**강근영** 선임연구원
한국에너지기술평가원	**강영선** 선임연구원
한국생산기술연구원	**김영원** 센터장
㈜이노지오테크놀로지	**이상돈** 대표

산업자원통상부	**김창완**	사무관
미래창조과학부	**박정기**	사무관
서강대학교	**이진원**	교수
경희대학교	**이은열**	교수
광운대학교	**김용환**	교수
아주대학교	**박은덕**	교수
서강대학교	**김현철**	교수
한국에너지기술연구원	**나정걸**	박사
한국에너지연구재단	**문승현**	단장
포스코	**장인화**	전무
지에스칼텍스	**승도영**	전무
에스케이이노베이션	**조재훈**	팀장

미래창조과학부	**조현숙** 팀장
서울대학교	**황용석** 교수
한동대학교	**이봉주** 교수
국가핵융합연구소	**오영국** 박사
국가핵융합연구소	**윤정식** 부장
단국대학교	**노승정** 교수
카이스트	**공흥진** 교수
한국원자력구원	**오병훈** 부장
한국원자력연구원	**임창환** 박사
국제핵융합프로젝트 한국사업단	**이현곤** 박사
KAT	**박평렬** 상무
다원시스템	**황광철** 이사
SFA	**김원섭** 부장

산업자원통상부	**김창완** 사무관
미래창조과학부	**박정기** 사무관
한국에너지기술연구원	**김종원** 책임연구원
현대자동차그룹	**안병기** 이사
한국에너지기술평가원	**이해원** 피디
한국수소 및 신에너지학회	**임희천** 학회장
연세대학교	**설용건** 교수
한국에너지기술연구원	**강경수** 실장
한국가스공사	**이영철** 수석연구원
(즈)엘켐텍	**문상봉** 대표

6회
슈퍼커패시터

산업자원통상부	**정병찬** 사무관
미래창조과학부	**박정기** 사무관
연세대학교	**김광범** 교수
한국전기연구원	**김익준** 책임연구원
한국에너지기술평가원	**진창수** 피디
한국전지산업협회	**구회진** 본부장
㈜ 비나텍	**성도경** 이사
㈜ 아모텍	**최원길** 전무
㈜ 퓨리켐	**김한주** 대표이사
㈜ 에스케이 케미칼	**신정수** 수석연구위원
㈜ 에스케이 케미칼	**신재균** 사업팀장
㈜ 파워카본테크놀로지	**남상준** 전무
㈜ 한국제이씨씨	**신달우** 전무
㈜ 이룸에이티	**이상준** 대표이사
미 코넬대	**김문석** 학생

7회
일렉트로퓨얼

산업통상자원부	**주현수** 사무관
미래창조과학부	**박정기** 사무관
한국에너지기술평가원	**상병인** 피디
광운대	**김용환** 교수
키스트	**한종희** 센터장
키스트	**민병권** 센터장
키스트	**남석우** 본부장
유니스트	**이재성** 교수

산업자원통상부	**주현수** 사무관
미래창조과학부	**박정기** 사무관
성균관대학교	**석상일** 교수
에너지관리공단	**김종호** 부장
한국유기태양전지학회	**김환규** 회장
한국태양광발전학회	**문상진** 회장
서울대학교	**최만수** 교수
엘지전자	**정창석** 전무
동진세미켐	**신규순** 연구소장

미래창조과학부	**백일섭** 과장
산업자원통상부	**장영빈** 사무관
해양수산부	**정재관** 사무관
해양과학기술원	**김현주** 총괄
한전 전력연구원	**정훈** 책임연구원
한전 전력연구원	**김의현** 수석연구원
한전 전력연구원	**김경력** 책임연구원
한전 전력연구원	**김범주** 선임연구원
해양과학기술원	**홍사영** 박사
해양과학기술원	**오위영** 박사
해양과학기술원	**이호생** 박사
한국해양과학기술진흥원	**박용현** 박사
진솔터보기계	**이시우** 대표,
	양영민 이사
삼양에코너지	**김윤호** 대표
오션스페이스	**정현** 대표

미래창조과학부	**백일섭** 과장
산업자원통상부	**한수덕** 사무관
한국에너지기술연구원	**김종원** 박사
한국에너지기술연구원	**김창희** 기획조정본부장
서울대학교	**남기태** 교수
한국원자력연구원	**김민환** 박사
에너지기술평가원	**양태현** 피디
한국에너지공단	**하경용** 실장
한국에너지경제연구원	**노동운** 선임연구위원
한국가스공사	**이영철** 박사
한국가스안전공사	**유근준** 부장
한국가스안전공사	**이정운** 박사
한국원자력연구원	**조창근** 박사
포스코에너지	**정기석** 박사
지엠코리아	**장봉재** 부사장
코네스코퍼레이션	**구재삭** 상무

미래에너지 전환 전문가 간담회

강창일·민병주·이원욱의원실,
국회 신재생에너지정책연구포럼, 에너지경제신문

미래창조과학부	**백일섭** 과장
산업자원통상부	**한수덕** 사무관
한국에너지기술연구원	**김종원** 박사
우석대학교	**이홍기** 교수
키스트	**김서영** 박사
한국에너지기술평가원	**양태현** 피디
한국가스공사	**이영철** 박사
한국가스안전공사	**이정운** 박사
한국산업기술평가원	**손영욱** 피디
㈜ 하이리움	**나다니엘 카르소** 부사장
현대자동차	**김세훈** 팀장
엔케이연구소	**이경규** 상무
광신기계	**정지원** 과장
광신기계	**김원식** 팀장
일진복합소재	**윤영길** 상무

<table>
<tr><td>미래창조과학부</td><td>**백일섭** 과장</td></tr>
</table>

미래창조과학부	**백일섭** 과장
산업자원통상부	**김현태** 사무관
한국전자부품연구원	**김영준** 센터장
키스트	**정경윤** 박사
OCI	**권재원** 상무
리스트	**조남웅** 박사
한국에너지기술평가원	**최윤석** 피디
한국에너지기술연구원	**진창수** 피디
한국에너지공단	**김양현** 과장
한전 전력연구원	**윤용범** 사업단장
한전	**백남길** 부장
한국전지산업협회	**구회진** 본부장
롯데케미칼연구소	**강태혁** 전문연구위원
에스디아이	**이희엽** 부장
포스코 에너지	**문고영** 소장

12회
이차전지

산업자원통상부	**김상모** 과장
미래창조과학부	**백일섭** 과장
해양수산부	**황의선** 과장
산업자원통상부	**허정민** 사무관
해양수산부	**권영규** 사무관
해양수산부	**강성길** 박사
고려대 화공과	**심상준** 교수
한국 CCS 협회	**류청걸** 부회장
한국에너지기술평가원	**원장묵** 피디
한국석유공사	**박명호** 부장
한전 전력연구원	**이중범** 부장
한전	**이상원** 본부장
남부발전	**장호석** 차장
한국지역난방공사	**장원석** 박사
중부발전	**한광수** 팀장
포스코건설	**김찬중** 부장

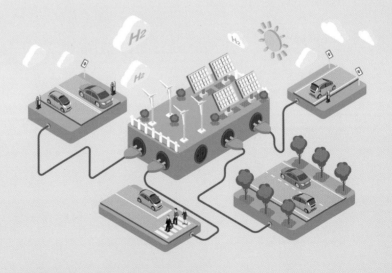

청소년 에너지입문서

미래에너지 백과사전

초판 · 2쇄 찍은날 2015년 12월 4일
초판 · 2쇄 펴낸날 2015년 12월 4일

지은이 · 이 원 욱, 안 희 민
펴낸이 · 김 봉 환
펴낸곳 · **KP** Books

등록번호 · 제396-2007-000066호
주소 · 서울 중구 충무로 29 아시아미디어타워 705호
전화 · 02-6325-3332
팩스 · 02-2275-3336
e-mail · artlab@empas.com

값 19,000원
ISBN 978-89-93721-24-9

* **KP** Books는 (주)코리아프린테크의 출판 브랜드명입니다.
* 잘못 만들어진 책은 바꿔 드립니다.